JN074926

フロントエンド開発入門

プロフェッショナルな開発ツールと設計・実装

安達 稜・武田 諭 著

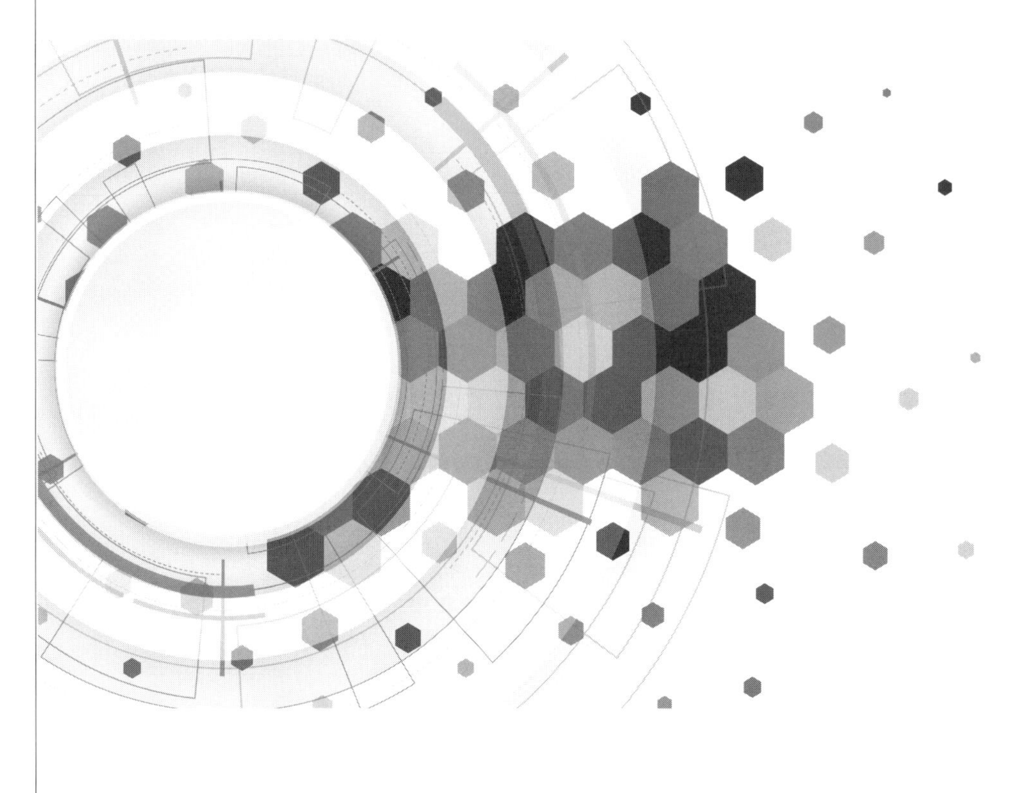

秀和システム

● 本書サポートページ

秀和システムのウェブサイト

https://www.shuwasystem.co.jp/

本書ウェブページ

https://www.shuwasystem.co.jp/book/9784798061771.html

ソースコード

本書Part 2で取り上げるソースコードは下記のリポジトリからダウンロード・クローンが可能です。
https://github.com/n05-frontend/shuwa-frontend-book-app

注　意

- 本書は著者が独自に調査した結果を出版したものです。
- 本書は内容において万全を期して製作しましたが、万一不備な点や誤り、記載漏れなどお気づきの点がございましたら、出版元まで書面にてご連絡ください。
- 本書の内容の運用による結果の影響につきましては、上記2項にかかわらず責任を負いかねます。あらかじめご了承ください。
- 本書の全部または一部について、出版元から文書による許諾を得ずに複製することは禁じられています。

商標等

- Microsoft、Windowsは、Microsoft社の米国およびその他の国における登録商標または商標です。
- Apple、macOS、は、Apple社の米国およびその他の国における登録商標または商標です。
- Google、Androidは、Google社の米国およびその他の国における登録商標または商標です。
- 本書では™®©の表示を省略していますがご了承ください。
- その他、社名および商品名、システム名称は、一般に各開発メーカの登録商標です。
- その他、各々のオープンソースソフトウェアは、個々の商標およびライセンスが設定されています。
- Webサイト情報や価格情報などは、執筆時点のものです。発刊後に変更される可能性があります。
- 本書では、登録商標などに一般に使われている通称を用いている場合がありますがご了承ください。

Preface

はじめに

Front-End

昨今のフロントエンド状況がわかりづらい。フロントエンドに興味を持った人も、去っていってしまう。どうにかならないか。
本書は、その点をわかりやすく初級者向けに整理できないだろうかというところからスタートしました。筆者も開発の現場でよく聞くことではありますが、「フロントエンドの事情がよく分からない」「どこからキャッチアップすればよいか分からない」そういった話をちらほらと耳にすることがあります。

ただフロントエンドに長く関わる開発者個人としては、「混沌としていた時代」はとうに過ぎて、最近は落ち着いた状況であると感じています。それでもなおフロントエンドの技術要素群が複雑であったり情報量が多かったりするという評価はいまだもって健在です。なぜ複雑に、膨大に見えるのか。それはWebプラットフォームの特性にもよりますが、Webフロントエンドを構成する代表的な技術要素であるHTML・CSS・JavaScriptそれぞれの仕様や表現力が時代とともに豊かに、そして網羅する範囲が広がってきたからということが考えられます。

HTMLに追加される新しい要素や属性・増えていくCSSプロパティやルール・新しいWeb APIのアナウンスや年次で仕様がアップデートされていくJavaScript、いずれもWebで可能になることが増えていくごとに、それぞれの仕様や表現が豊かになっていることは間違いありません。さらに、企業的なポジション・プラットフォームを代表するさまざまな推進者のSNS上での発信や、シェアされ界隈を賑わせている技術記事などから情報をピックアップし並べると複雑かつ膨大に見えるのは当然でしょう。
本書でも触れていますが、そもそも「フロントエンドエンジニア」という名称がすでにさまざまな役割を担ってしまっており、ひとりの開発者がすべての要素を網羅するというのは時間がいくつあっても足りないでしょう。

本書では主要となる技術要素からいくつかをピックアップし、**ツールやライブラリの利用方法よりもなぜそれを使うかを重要視しながら解説していきます。**ツールが様変わりしたとしても開発において解決したいことは大きく変わらないと考えるためです。読者が開発の現場に入っていった際に本書で読んだことのある内容だということが振り返られるよう、開発の現場で必要な知識という観点から内容をピックアップしています。

本書の構成について

Part 1ではフロントエンドエンジニアとして開発の現場で触れるであろう技術要素を、簡単な歴史を踏まえ整理したうえで、基礎的な技術要素と最近使われているライブラリやフレームワーク、開発ツールについて解説していきます。その後開発の現場に入っていくにあたって、フロントエンドエンジニアとしての仕事の進め方・考え方について紹介します。ライブラリやツールの解説でソースコードが出てくることがありますが、ここでは実行環境の準備をする必要はなくコードを読み雰囲気をつかむ程度でかまいません。**重要な点はそれぞれのツール・ライブラリの利用方法よりも、「何を解決するもの」で「なぜ導入するか」を理解していただくことが重要なパートになっています。**

Part 2ではより実践的な内容に入っていきます。あなたが開発の現場に入っていく場合、既存のプロジェクトに参加することがほとんどであるはずです。既存のソースコードを渡されて解決すべき課題が多い場合、きっと何から取りかかっていくかについて逡巡することもあるでしょう。ここでは現場らしい泥臭いリファクタリングやユニットテストの導入を入り口にして、解決する課題を明示しながら実践的にソースコードを扱っていきます。**昨今のフロントエンドの基盤構築からライブラリの導入まで、Part 1で触れた「何を解決するか」を意識しながら、実際の開発現場を想定して手を動かせるパートになっています。**

Part 3では発展的な内容を解説していきます。分析・解析だけではなくエラーイベント検知などのモニタリングのためのSaaSを例として、サンプルコードでいくつか導入を例示します。また、あなたが開発チームでどう仕事を進めていくのかを想像できるようチーム開発における具体的なストーリーも用意しました。さらにWebというプラットフォームへの貢献を考えながら、最後には**フロントエンド開発者として持っておきたい、マインドセットや取り組み方についてのひとつの考え方を提示していきます。**

本書の対象読者

本書は主にWebフロントエンドの開発に関わる情報を取り扱います。特定のデバイスやOSにおけるネイティブアプリケーションの開発者については、本書で取り扱うフロントエンドエンジニアの範疇には含みません。Webをプラットフォームにした開発者が本書の読者対象となりますのでご留意ください。

本書を読み進めていくうえではHTMLやCSSについての簡単な構文が理解できる程度でかまいません。またサンプルコードの多くはJavaScriptもしくはTypeScriptで記載されていますが、深い知識がなくても理解が進めるよう構成しています。フロントエンド開発へ関わり、生業にするため座学や実践を行いコードを書いたことがある読者、もしくはすでに開発の現場に関わり、これからフロントエンドについて知識を深めたいという読者であれば、読み進めることはそこまで難しくない想定です。

Contents 目 次

Front-End

はじめに …… III

Part 1 導入編 なぜ使うかを知る

Chapter 1 フロントエンドエンジニアの歴史

1-1 Webの始まりとHTML …… 2
1-2 WebとHTMLで何ができるようになったのか …… 3
1-3 ブラウザ戦争と標準化 …… 4
1-4 ブログの流行とインターネットインフラ …… 5
1-5 静的なUIから動的なUIへ …… 6
1-6 「フロントエンドエンジニア」という専門職 …… 7
1-7 Node.jsによる開発基盤の構築 …… 9
1-8 ECMAScript規格更新に伴う周辺事情の活性化 …… 9
1-9 止まらないフロントエンド …… 10

Chapter 2 フロントエンドエンジニアに求められるスキル

2-1 「フロントエンドエンジニア」が取り組む実務 …… 14
想定される実務例 …… 14
2-2 JavaScriptの成長と要求の変化 …… 16
2-3 変容する中で維持すべき開発者の姿勢 …… 17
「Webは止まらない、求められる技術要素も止まらない」 …… 17
パブリックな存在として …… 18

2-4 本書におけるフロントエンドエンジニア像 …… 19

Chapter 3 フロントエンドにおける一般的なツール群
Front-End

3-1 Node.jsとその周辺のエコシステム …… 22
パッケージマネージャー …… 24
Node.jsがもたらす恩恵 …… 24

3-2 コンパイラ・モジュールバンドラー …… 25
コンパイラ：Babel …… 26
モジュールバンドラー：webpack …… 26
Babel, webpackが解決すること …… 28

3-3 JavaScript代替言語：TypeScript …… 31
TypeScriptの特徴 …… 32
コンパイラとしてのTypeScript …… 35
TypeScriptによって解決できること …… 36

3-4 フレームワーク・ビューライブラリ：Vue.js, Angular, React …… 36
Vue.js …… 37
Angular …… 42
React …… 47
コンポーネント指向のフレームワーク・ライブラリであること …… 52

3-5 状態管理・データレイヤ：Redux …… 55
ブラウザにおける状態管理は煩雑である …… 56
クライアントMVC …… 58
簡易的なクライアントMVC …… 59
フロントエンドで抽象化されるモデル、扱ううえでの課題とは …… 60
役割があいまいになるController …… 62
Fluxというアプリケーションアーキテクチャパターン …… 63
Redux：データの一極管理 …… 65
Reduxが解決できること …… 68

3-6 CSS：CSSメタ言語、設計手法、CSS-in-JS …… 69
CSSを取り巻く現状 …… 69
各ブラウザの対応状況について …… 71
CSSの表現力を高めたSass、CSSメタ言語 …… 72

JavaScriptで作成されたPostCSS …… 75
CSS設計手法 …… 79
CSSを弱点を補うためには …… 84

3-7 静的解析ツール：Prettier, ESLint …… 85
Prettier …… 86
ESLint …… 89
ほかのリンターやチェッカーについて …… 93
静的解析ツールが可能にすること …… 94

3-8 ユニットテスト：Mocha, Jest, Karma …… 95
ユニットテストとフロントエンド開発 …… 96
Mocha Jest Karmaそれぞれどういった特性があるのか …… 97
ユニットテストやテストフレームワークが解決できること …… 106

Chapter 4 Front-End 開発の現場における仕事の進め方

4-1 アジャイルといった考え方 …… 108
4-2 スクラムという開発手法 …… 109
4-3 個人との対話と他者との協調 …… 111
プロダクトオーナー …… 111
スクラムマスター …… 112
デザイナー …… 112
サーバサイドエンジニア …… 113
テストエンジニア・テスター …… 113
コミュニケーションハブとして …… 114
4-4 変化に対応しながら提供するサイクルを上げる …… 114

Part 2 実践編　どう使うかを学ぶ

Chapter 5 Front-End 開発環境

5-1 既存アプリケーションの開発環境構築 …… 118
Dockerのインストール …… 118

Node.jsのインストール …… 119
Yarnのインストール …… 119
APIサーバの起動 …… 120
クライアントの起動 …… 121

5-2 既存機能の把握 …… 123
どんなアプリケーションなのかを知る …… 123
アプリケーションが抱える課題を探る …… 124

Chapter 6 設計と実装

Front-End

6-1 フロントエンド環境の構築 …… 130
Yarnの利用準備 …… 130
webpackのインストール …… 130
Babelのインストール …… 132

6-2 TypeScriptの導入 …… 134
TypeScriptのインストール …… 134
Babel経由でTypeScriptのコンパイルを行う …… 135
既存コードをTypeScriptで書き換える …… 135
コンパイルエラーを解消する …… 137

6-3 コードの分割 …… 140
処理を別ファイルに切り出す …… 140

6-4 Jestを利用したユニットテスト …… 141
Jestのインストール …… 141
jest.config.jsの設定 …… 142
描画されたDOMの検査 …… 143

6-5 Reactの導入 …… 146
Reactのインストール …… 146
JSXのためのコンパイル設定 …… 146
JSXで要素を表示する …… 147
webpack-dev-serverのインストールと設定 …… 149
jQueryで書いたコードをReactに書き換える …… 150
イベントハンドラの記述 …… 152

6-6 Enzymeを使ったコンポーネントのテスト …… 154
Enzymeのインストール …… 154

Jestの設定 …… 154
React Componentをテストする …… 156

6-7 styled-componentsの導入 …… 159
styled-componentsのインストール …… 160
CSSからstyled-componentsへの移行 …… 160

Chapter 7 Front-End
CI/CDによって受けられるメリット

7-1 CI/CDによって受けられるメリット …… 165
CI/CDについて …… 166
GitHub Actionsを始める …… 167
ESLintを導入し動作させる …… 171
CIで自動化するメリット …… 175

7-2 パフォーマンスと改善 …… 176
パフォーマンスの問題とは …… 178
基礎的なパフォーマンス知識：クリティカルレンダリングパス …… 179
Lighthouseを利用した定期的なパフォーマンス計測 …… 184
強力な武器はない、ひとにはひとのパフォーマンス …… 193

Part 3 応用編 より深く学ぶために知る

Chapter 8 Front-End
解析とモニタリング

8-1 サービスの成長とともに開発する …… 196
仮説検証、ABテストの目的 …… 197
ツールの導入：Googleアナリティクス …… 198
ツールの導入：Googleオプティマイズ …… 208
プロダクトコードに組み合わせる …… 212
サードパーティスクリプトとの兼ね合い …… 215

8-2 ユーザーモニタリング・エラーイベント監視 …… 216
ユーザーを取り巻く環境を知る …… 218
ブラウザで起きるエラーイベントなどからユーザーを知る …… 220
エラーイベント検知のためSentryを導入する …… 223

Sentryの動作とコードへの組み込み …… 228
React Error Boundaryを利用する …… 229
収集したエラーイベントを役立てる …… 232

Chapter 9
Front-End

チーム開発とWebへの貢献

9-1 チームで働く …… 236
あらためてスクラムという開発手法について …… 236
スクラムを採用したチームに入ったら …… 238
ストーリー：スプリントプランニング …… 238
Column タイムボックスという考え方 …… 241
ストーリー：スプリントが開始する …… 241
Column デイリースクラム …… 242
ストーリー：スプリントの終わり …… 244
Column 振り返り …… 245
チーム開発とはテクニカルスキルではない …… 245

9-2 コミュニティへの貢献活動 …… 246
OSSへの貢献はコードコミットだけではない …… 247
できることからOSSへコミットする …… 250
寄付する、翻訳するといった違ったアプローチ …… 253
Webというプラットフォームに貢献する …… 254

9-3 Webプラットフォームに関わるフロントエンド開発者として …… 255
仕様を知るには …… 256
ライトにキャッチアップする …… 260
フロントエンド技術を楽しむために …… 262

索　引 …… 264

Part 1 導入編

なぜ使うかを知る

Chapter 1

Front-End

フロントエンドエンジニアの歴史

本章ではWebの歴史を追っていく中でフロントエンドエンジニアという職業がどうやって生まれたのか、またどういった専門性が求められてきたのか、さらに要件に合わせて様変わりしてきた周辺事情、網羅する技術要素の広がりにより「フロントエンドエンジニア」が広範にとらえられていることなどについて解説します。本Partをスキップしても問題はありませんが、一読されることで後続する章やPartにおける足がかりになれば幸いです。

Webの始まりとHTML

フロントエンドエンジニアであれば触れないことはほとんどないであろうHTML（Hyper Text Markup Language）を初めて利用した文書がWebに公開されたのは1991年のことです。インターネットの父と言われるティム・バーナーズ=リーが公開し、最初のHTMLにおける要素を定義※1しました。ハイパーテキストという概念やURL、HTTPというプロトコルの初期設計も彼によって設計されたものです。

当初のWebは学術文書の公開が主たる目的であったため、HTML要素には今ほど表現力はありません。下記に示したのは文書に定義されたものから抜粋した要素です。今も残っている要素もあれば定義されたが仕様として採択されていない要素もあります。

●最初に定義されたHTML要素抜粋

要素	解説
<TITLE>...</TITLE>	ドキュメントのタイトル
<H1>, <H2>, <H3>, <H4>, <H5>, <H6>	見出し要素
<P>	段落
<ISINDEX>	ドキュメントがインデックスであることを示す

※1 Tags used in HTML - https://www.w3.org/History/19921103-hypertext/hypertext/WWW/MarkUp/Tags.html

Section 1-2 Front-End

WebとHTMLで何ができるようになったのか

Webが裾野を徐々に広げ始めると、公開文書は思想や文化、さらには企業による営利目的の情報発信という形に利用され始めます。また90年代中ごろから多くの既存メディアがWebにも媒体を持ち始めるなど情報と同時に発信メディアが　Webに溢れだすと、それらを「集約」するしくみが求められるようなってきます。

そこに現れたのは情報を収集しディレクトリ検索型のサービスを展開するYahoo!です。検索エンジンといえば今ではbotと呼ばれるクローリングするプログラムがページを収集し多くのページからリンクされていることをページランキングの重み付けとするというものが一般的です。しかし当時は人の手でカテゴライズされたディレクトリに登録されることがWeb上に載せるうえで優位であるという時代でした。

ブレンダン・アイクによって開発されたJavaScriptがNetscape Navigatorというブラウザに搭載されたのもこのころです。しかしフロントエンドの技術要素として注目を浴びるのは、まだあとの話になります。この時点においても、HTMLで文書を書きWebに公開することそのものが専門的な知識を必要とし、ブラウザに表示するための技術という点において専門性をもった技術者の需要はそれほど多くなかったと思われます。

Internet Archiveでたどれる最古のwww.yahoo.com

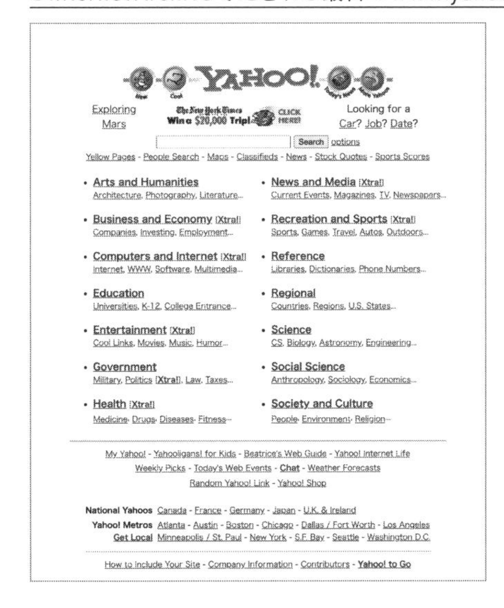

Section
1-3
Front-End

ブラウザ戦争と標準化

90年代末期にかけてWebサーバの一部を間借りできるホスティングサービスが徐々に充実しWebへの参入障壁が低くなります。Webサーバを設置し運用することなく、誰もがWebサイトを持てる時代になったのです。Webが一般性を獲得しだすとデザイン性の優れたWebサイトの需要が高まり、Adobeのデザインオーサリングツールを使って作成されたフルスクラッチのデジタルデザインデータが生み出されます。それらを切り刻みながらHTMLやCSSを使い、ブラウザでピクセルパーフェクトに表示させることを専門的に取り扱う職業として、マークアップエンジニア・HTMLコーダーといった専門性を持った技術者が現れ始めるのはこのころです。

さらにユーザー獲得のためブラウザベンダーによる争いが始まりました。後にブラウザ戦争などと呼ばれることになります。各ブラウザの仕様の独自拡張実装などが混迷を極めていく中、OSとバンドルすることでユーザーを獲得したInternet Explorerが覇権を握ります。

Webがより身近なものになりブラウザが乱立すると同時に、正しい記述の行われなかったHTMLが多く公開されたため、Web標準化やW3Cによる規格の準拠などが啓蒙されるようになっていきます。各ブラウザベンダーによるJavaScriptの独自拡張によって生まれた混沌とした状況はECMA Internationalという外部機関によるECMAScriptという規格の中で標準化が進みだしました。とはいえ残念ながらブラウザベンダーは仕様の先行実装を進めたり、Web APIの新しい仕様をベンダープリフィックスという形で実装するなどしたため現代にも至る負債を残してしまいます。JavaScriptやCSSの記述内にブラウザ固有の描画エンジンの接頭辞（`webkit`, `ms`, `moz`, `o`など）が今でもプロダクトのコードに残っていることをまれに見ることもあるでしょう。こういった歴史的背景から現在は仕様策定において後方互換性が意識されるようになっています。

HTMLにおいてはインラインスタイリングからCSSによるスタイリングへ、そして文書としての意味付けとデザインの分離という考え方、セマンティックWebという思想がHTMLやCSSを取り扱う人々に浸透し始めました。さらに技術者には標準化への理解が求められるようになると同時に、前述のブラウザ別の実装を吸収するためのクロスブラウザ対応というしわ寄せがやってきます。下位ブラウザ向けにフォールバックするテクニックであるCSSハックが生まれたりしたのもこのころです。

CSS

```
/* スターハックという IE 6 にのみ適用する CSS ハックの例 */
* html p.only-ie6 {
  color: red;
}
```

Section 1-4 Front-End

ブログの流行とインターネットインフラ

2000年に入ってくると海外の技術者を中心にweblog＝ブログが流行します。社会のインターネットインフラが整備され、ブログのホスティングサービスの成長と同時に一般ユーザーにもブログ、Webが身近なものになりました。ブログ構築のためのCMS（Content Management System）であるMovable TypeやWordPressなどが発表されると、これらの導入も開発や制作の現場では要件として求められ始めます。HTML、CSSを取り扱っていた技術者にもサーバへのCMSインストール、静的なHTMLではなく動的なテンプレートへの記述が求められるようになり、統合されたソフトウェアに対する理解やCMSが採用しているPerl・PHPといったスクリプト言語への理解も必要となる場面が出てました。さらにソーシャルブックマーク、RSSリーダー、SNSなどインタラクティブ性を備えたソフトウェアとしてのWebも豊かになるとこれらのサーバサイド言語が徐々に発達しだします。

Section
1-5
Front-End

静的なUIから動的なUIへ

2000年代中盤からブラウザで動作するWebアプリケーションには機能性と操作性に優れたUIが求められてきます。その代表とも言えるAjaxと呼ばれた技術は、JavaScriptを用いてバックグラウンド通信とHTMLをリクエストする画面遷移なしで優れたUIを提供し、Google Mapsや検索サジェストなどによって実現されると当時の技術的なトレンドの1つとなりました。Ajaxを利用し公開APIの組み合わせをマッシュアップした個人のWebサービスが流行したのもこのころです。デザインのトレンドにはソフトウェアの抽象概念を既存の物理デバイスのUIによせることで操作性を高めようとしたスキューモーフィズムが志向されたこともあり、リッチなインターフェースと機能実現のためにJavaScript再評価の動きが高まります。

そんな中DOMユーティリティを提供したjQuery[※1]がリリースされると多くの開発現場で利用され始めます。クロスブラウザや下位互換性を吸収する形で提供されたスマートなAPIに開発者は誰もが虜になりました。XMLHttpRequestオブジェクトを隠蔽し冗長な通信記述を簡略化できるAjaxの利用、簡易的なアニメーションを活用できるショートハンド、どれもが格別でした。さらに、jQueryは自身のオブジェクトを拡張できるプラガブル（pluggable）なAPIを備えていたため、周辺のライブラリやプラグインを充実させるエコシステムを築いたこともJavaScriptを使った開発がよりフレンドリーになったきっかけでもあります。

このころになるとブラウザで動作する画面を取り扱う技術者にとってJavaScriptはインタラクションや機能実現のための手段として重要な言語となっていきます。

※1　jQuery - https://jquery.com/

●jQuery公式サイト

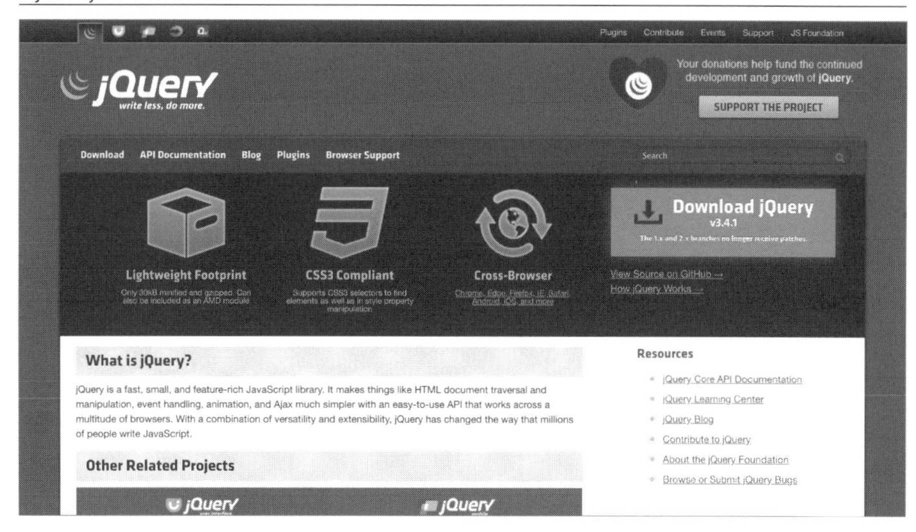

またSassといったCSSメタ言語の登場によってCSSへのアプローチも徐々に変化していきます。ブラウザの互換性を意識することなくベンダープリフィックスを補完できたり、構文ブロックをネストすることでマルチセレクタをコードで表現することが可能になったり、扱いづらかったCSSにプログラミングの概念が導入されることでモジュール化が可能になってきました。モジュール化だけでなく変数化やmixinが可能となると、詳細度とカスケーディングによるスタイルの負の影響を軽減するため、BEM、OOCSS、SMACSSといった命名規則によるCSS設計手法も生まれ始めます。

Section 1-6 「フロントエンドエンジニア」という専門職

Front-End

2000年代後半リッチなUIの需要はさらに高まり、JavaScriptに関連する技術の成長も止まることはありませんでした。シングルページアプリケーション（以降SPA）の誕生です。ページ遷移の都度サーバにリクエストし新しいHTMLで画面を構築していたステートレスなブラウザ体験から、一度リクエストしHTMLを取得した後はブラウザで動的に画面遷移を行いユーザーにシームレスな体験を提供することを実現したのです。SPAの内部ではアプリケーションの状態管理やルーティングだけにとどまらず、ルーティングごとのコントローラやデータモデリングなどが盛り込まれるようになると、AngularJSやBackbone.jsなどSPAを実現するためのオールインワンフレームワークが利用されだします。

Backbone.js公式サイト

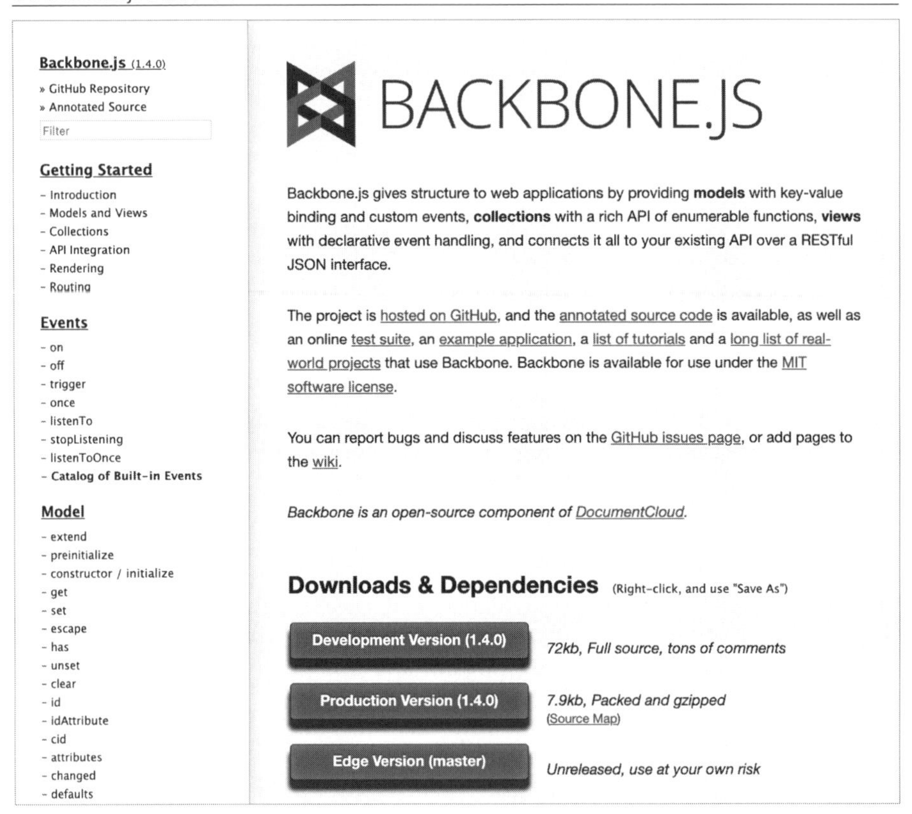

フレームワークが提供したクライアントMVCやルーティング、データモデリングにはソフトウェアのデザインパターンへの理解などが求められます。HTMLのマークアップ、CSSによるスタイリングという範疇には収まらない、より一層専門性の高い能力が求められると「**フロントエンドエンジニア**」という言葉がここでようやく専門職として一般化しだします。それと同時にサーバサイドのWebエンジニアがフロントエンドに軸足を置いたり、デザイナーがマークアップと簡単なUI実装まで担当したりとフロントエンド界隈は徐々にボーダレス・るつぼ化していきます。この辺の事情については2章「フロントエンドエンジニアに求められるスキル」で取り上げ本書における「フロントエンドエンジニア」のスコープを明らかにします。

Section 1-7 Front-End

Node.jsによる開発基盤の構築

2009年にサーバサイドJavaScriptとしてNode.jsが発表されると、バンドルされたパッケージマネージャーであるnpmによって開発におけるエコシステムが急速に充実し始めます。それまでは困難であったフロントエンドにおけるライブラリのバージョン管理が可能になっただけではなく、CSSやJavaScriptの難読化・サイズ圧縮・画像ファイル最適化など開発におけるさまざまなタスクの自動化も可能になりました。これらのスクリプトが実行されるようタスクランナーを走らせるといった開発のための基盤構築がフロントエンドでも実現可能になると、爆発的にツールの数が増えだしていきます。またJavaScriptには存在しなかったモジュールシステムをNode.jsはCommonJSという形で実現していました。これをブラウザで利用する（実際にはブラウザで扱える形にコンパイル・バンドルする）ためのビルドライブラリBrowserifyが誕生すると、フロントエンドのビルドパイプラインの実装も求められるようになってきたのです。

Section 1-8 Front-End

ECMAScript規格更新に伴う周辺事情の活性化

Node.jsに関連しJavaScriptを中心としたフロントエンド技術が前に進むと同時に、バージョン5として2011年から止まっていたECMAScriptへ追加仕様提案の動きが活発化します。Node.js/npmなどによって充実したエコシステムとJavaScriptを取り扱うにあたっての開発環境の向上とともに次期バージョンであるES6[※1]の利用熱が高まってきたのです。そんな中で新しい構文を利用したいJavaScriptユーザーの需要を満たすES6からES5への変換ツール、6to5が発表され注目され始めました。このツールはASTによる構文解析を行い新しい構文から古い構文へのコンパイルを可能にしたのです。ECMAScriptは後方互換性を持ったまま仕様が更新されるとはいえ、ブラウザ間の仕様実装差異やNode.jsのバージョン差異により動作環境はさまざまです。そこに

※1　ES6以降は年次で仕様追加が行われるため、年号のついたES2015などの呼び方が推奨されている。

6to5から名称変更されたBabelがもたらしたものとはECMAScript仕様策定の流れと歩調を合わせたエコシステムの調和なのです。新しい仕様をコンパイルするためのプラグインを開発することで、健全にコードベースに最新仕様を持ち込むことができるという点は現時点でフロントエンドが誇るすばらしいエコシステムであると考えらます。

Section 1-9

止まらないフロントエンド

一方でスピード感をもってトレンドが様変わりしていくことや開発の際に必要な前提知識が多く求められることに否定的な意見も出始めます。海外を中心にJavaScript/Front-End Fatigue（＝フロントエンド疲れ）といった言葉が囁かれるようにもなりましたし[※1]、進化のスピードが速すぎることに懸念を示す技術者がいないわけではありません。[※2]

ECMAScriptは年次でバージョンが上がり続けており、書籍執筆時点の2020年では最新仕様候補がES2020となっています。JavaScriptに限らず、W3Cによって標準化されていたHTMLやDOMの仕様も2019年には事実上の生きたドキュメントでありWHATWGの公開文書であるリビングスタンダードが今後の標準仕様となっていくことが決まっています。さらにCSS2.1以降はモジュール単位でバージョニングされ、年次でスナップショットの仕様としてW3Cがまとめ続けていたCSSにも、年次のアップデートや次期バージョンが求められるなどの議論も挙がっています。[※3] さらにブラウザベンダーの開発者を中心にしたWHATWGといった団体によって多くの仕様がHTML5に盛り込まれ、2019年W3Cは今後WHATWGの標準仕様をW3Cの勧告とする旨を決定しています。[※4]

※1　JavaScript Fatigue - https://medium.com/@ericclemmons/javascript-fatigue-48d4011b6fc4

※2　Stop pushing the Web forward - QuirksBlog - https://www.quirksmode.org/blog/archives/2015/07/stop_pushing_th.html

※3　Let's Define CSS 4 • Issue #4770 • w3c/csswg-drafts - https://github.com/w3c/csswg-drafts/issues/4770

※4　W3C and WHATWG to work together to advance the open Web platform | W3C Blog - https://www.w3.org/blog/2019/05/w3c-and-whatwg-to-work-together-to-advance-the-open-web-platform/

執筆時点を切り取るだけでもフロントエンドにかかわる技術要素や仕様はまだ変化が止まりそうにありません。

ブラウザ戦争で覇権を握ったMicrosoft Internet Explorerの後継ブラウザであるEdgeは2019年にHTMLレンダリングエンジン・JavaScriptエンジンをGoogle ChromeのベースであるChromiumのBlink、V8をエンジンとする決定をしました。また、Chromeには新しい体験をユーザーに提供するため新しいAPIが先行実装され提案され続けています。Payment Request APIやWeb Authentication APIのようなアプリケーションが提供していたようなものも含めOS・デバイスと紐づく仕様提案が多くなされています。

さらにユーザートラッキングに関連したプライバシー保護の動きやWebブラウジングにおけるセキュリティ上の懸念が強まりだしていること、ユーザーを識別するフィンガープリントとして利用されてしまう懸念などから、これまで長らく運用され続けてきた`window.navigator.userAgent`文字列は凍結が予定されています。UserAgent取得のための新しいパーミッション仕様も含めて、セキュリティ・プライバシー関連の話題も事欠きません。

これからフロントエンドに関する技術を学ぼうという書籍の冒頭としては少々大げさとも思われるでしょう。果たしてすべての情報をキャッチアップし追いかけ続ける必要があるのか、フロントエンドエンジニアと言われた場合にこれらの技術をすべて網羅する必要があるのか。現状においてフロントエンドと呼ばれるフィールドを最初からすべて完璧に網羅するということは難しいと考え、本書籍は以降で下記のように進んでいきます。

1. 昨今の技術要素が何のために必要なのか、何を解決するのか
2. 実践的な内容で技術要素を取り扱い必要なことを必要なタイミングで学ぶ

これは開発の現場でも一緒です。事前にすべてを網羅するというより、要件に含まれていた・興味関心が湧いたというタイミングで解決すべきことは何であるかと技術要素の学習を進めていくことになるはずです。本書を通して現場の追体験をしていただきながら、本書で取り扱うエンジニア像をクリアにすべく2章の「フロントエンドエンジニアに求められるスキル」へ進んでいきましょう。

Part 1 導入編

なぜ使うかを知る

Chapter 2

Front-End

フロントエンドエンジニアに求められるスキル

1章でも取り上げたように周辺技術が様変わりしていくことを考えると、下記のようなことがいえそうです。

- ◆フロントエンドの技術要素をすべて網羅することは難しそう
- ◆必要とされる技術要素の組み合わせで複雑性が高まりそう
- ◆「フロントエンドエンジニア」を定義している間にさらに新しい要求が増えそう

本章では実務を例に挙げフロントエンドに関する分野を大きく整理したうえで、どういったことがフロントエンドエンジニアに求められそうか、また要求に対してどういった姿勢を持ち続けることが重要かについて触れていきます。そしてそれらを元にして本書ではどういった分野を実践的に取り扱い、読後どういったゴールを想定しているかについて説明していきましょう。

Section
2-1
Front-End

「フロントエンドエンジニア」が取り組む実務

フロントエンドエンジニアと呼ばれる職種に期待されていること、そして実際にアサインされる実務にはどういったものがあるのでしょうか。1章でも触れたようにフロントエンドエンジニアという言葉の定義があいまいかつるつぼと化しているような現状において、フロントエンド周りの実務を誰が担当するのかという決定は組織体や開発チームの構成・規模やプロダクトの関心に依存することが多いように感じます。これは現場によってさまざまでありチーム次第でどういったことを実務で行うかは変わってきます。フロントエンドエンジニアに求められるスキルについて、筆者が開発の現場で見ていること・想起されることから、もう少し具体的な分類ができるように実務例を列挙していきましょう。

想定される実務例

- 意味付けと文書構造・アウトラインが情報として適切に設計されたHTMLマークアップ
- デザイナーと連携し画面に必要なパーツの書き出し依頼を行う
- 保守性を重要視したCSSの設計およびスタイリング
- WordPressに代表されるようなCMSの構築、テンプレート実装と運用ができる
- 任意のJavaScriptフレームワークを十分に理解し実装する
- Node.jsと周辺のエコシステムを理解したビルドパイプラインを実装する
- Atomic Designによるコンポーネント設計を中心に据えFigmaでデザインしJSXとCSS in JSを利用し実装する
- コンバージョンレート向上目的のA/Bテストの設計と結果から得られる簡単な分析とUI改善施策の提案
- SEOのためにmeta要素を最適化、SNSでの参照時にOGイメージを表示させる
- 画面キャッシュやアセットファイルのライフサイクルを考慮したCDNのキャッシュ戦略とデプロイにおけるインフラ担当との協働
- React SSRを目的としたExpressの実装
- 既存REST APIをバックエンドとしたフロントエンドに親和性のあるGraphQL APIサーバの実装
- QA部門のテストエンジニアと協働し仕様から正常系のテスト項目のレビューを行う

何度もお伝えしておきますが、プロジェクトに入ってこれらすべてを担当していくということではありません。あくまでフロントエンドエンジニアという広いジャンルに対して必要なスキルを挙げていくうえでの整理と考えてください。

フロントエンドエンジニアの実務例については上記以外も考えられますが、視覚的にとらえるために必要な知識のフィールドをキーワードで列挙し下記のような簡易的な表にしてみました。

フロントエンドエンジニアの実務から想起されるスキル群

HTTP	HTML	CSS
SEO	アクセシビリティ	レスポンシブデザイン
CSS ボックスモデル	CSS 設計	CSS メタ言語
JavaScript 構文	DOM 操作	イベントループ
Node.js	npm,Yarn	セキュリティ
JS フレームワーク	コンパイル モジュールバンドラー	リンター
CSS-in-JS	CSS Modules	CSS フレームワーク
テスト	型定義	Web Components
PWA	SSR ServerSideRendering	SSG StaticSiteGeneration
GraphQL	ネイティブアプリケーション	WebAssembly

HTML・CSS・JavaScriptの基礎的な理解が済んでいればあとは段階的に理解を進めればよいのですが、開発者がネックに感じてしまう部分はJavaScript周辺の情報やJavaScriptに限らない新しい仕様追加、情報のキャッチアップであることが多いように感じます。なぜネックとなってしまうのか、「フロントエンド疲れ」を引き起こさないようにどういったマインドで周辺技術や情報に向き合うとよいのかを本章ではさらに説明していきます。

Section
2-2
Front-End

JavaScriptの成長と要求の変化

1章でも触れたようにNode.js/npmがもたらしたフロントエンドにおけるエコシステムの充実が昨今のJavaScriptの成長を支えたと言っても過言ではありません。またドメインや要件をフロントエンドに据えた開発方針をとるプロジェクトが増えた結果、ソフトウェアの原則やセキュリティの基礎知識がブラウザで動作するアプリケーションに求められ始めたことも、フロントエンドの範疇を広げている理由の1つと言えるでしょう。

そういった時流からJavaScriptは言語としての発達とともに関連する情報が豊かになり、JavaScriptユーザーである開発者やコミュニティが増えてきました。現代においては「フロントエンド＝JavaScriptのスキルセットが必須である」というイメージが拭いきれないと感じています。同時にフロントエンドエンジニアであると自認する開発者が必ずしもCSSやデザインについて十分な知識があるとは言いにくいのも現状です。

The Great Divide[※1]という記事では、スキルセットや活躍できるフィールドによって「フロントエンドエンジニア」という言葉の意味が二分されており、その隔たりはかなり大きなものであると主張しています。関心や責務の中心がJavaScriptによって解決できることを守備範囲としている開発者と、HTML・CSS・デザインやインタラクション・アクセシビリティにスキルセットが集中した開発者では活躍できるフィールドが大きく異なります。この主張に同調する意見も多かったことから、フロントエンドという言葉に求められる要素の多様化を示唆していることは紛れもありません。昨今では前者をフロントエンドソフトウェアエンジニア・フロントエンドWebデベロッパーとし後者をUXエンジニアとすることで区別化し、まったく別のキャリアが用意されていることもあります。こういった事情から、ことさらに今後は明確に分類する必要性を感じるのです。

現実的なことを考えると「フロントエンドエンジニア」という名前でひとくくりにされることもまだまだ多く、採用や評価における場面でどうもちぐはぐな印象を受けたり、認識を合わせるのに苦労したりということがないわけではありません。網羅すべき範囲が広くなってきたフロントエンドに対する理解や、前述にあるような二分されたイメージを開発チームがまだ持っていないという状況にある場合、まずはチームに必要なスキルセッ

※1　The Great Divide | CSS-Tricks https://css-tricks.com/the-great-divide/

トが何であるかを明確にし、分野が違いすぎていないかを考える必要がありそうです。チーム開発においてメンバーとどう分業していくか、もしくはどう協業していくのか、フロントエンドエンジニアがどうたち振る舞うべきかについては本章後半でも触れます。

Section 2-3
Front-End

変容する中で維持すべき開発者の姿勢

これまで触れた内容からもわかるように、やみくもに特定のスキルセットに対してベットするというようなことは、開発者としてあまり賢い成長戦略ではないように思えます。ではどういった動機づけをしてこれから学べばよいか、筆者が開発の現場で感じる重要なポイントをいくつかまとめます。

「Webは止まらない、求められる技術要素も止まらない」

Webは止まらないということは常に念頭におきましょう。外的環境はどうすることもできません。「何を当然なことを」と感じるでしょうが、ひとは慣れた道具が手に馴染み始めると同じ方法で課題解決に取り組みがちです。課題の種類や状況にもよりますが、同じ手法や方法論で取り組んでいると感じたら己を振り返るべきでしょう。しかし必ずしも新しいものに取りかかる必要はありません。フレームワークの新しいバージョンや新しい機能、大きな変更に追従していくこと自体は我々が解決すべきことの本質ではないのですから。

1章で触れた歴史はWebが生まれてから30年前後の話であることを考えると、これからの職業人生の中でWebが今後も同じかもしくはもっと速いスピードで変わっていくことは自明です。変わりゆく未来のWebはどこで定義されていくのか、その場所はWHATWGがもつWeb APIの草案が格納されたリポジトリ内のIssueだったり、ブラウザエンジンの次期バージョンに搭載される新しいAPIについて議論されるフォーラムだったりするでしょう。

これらの情報はWebから取得できる1次情報としては適切ですし、具体的な議論や策定プロセスを知るうえではもちろん有効です。しかしHTML、CSS、JavaScriptなどいくつもの仕様策定プロセスや仕様自身が存在するような膨大な情報量から今後あなたの業務に必要とされる知識なのか、知るべき情報として重要なのか判別するのは困難なはずです。もしあなたが今興味関心を寄せたいフィールドがあるとしてその情報をキャッチアップしたければ、Twitterで発信している技術者をフォローすることで得られることもあるでしょう。同じチームメンバーとの雑談の中で得られることも考えられます。いずれにせよ、感度の高い技術者やコミュニティにいることで得られる情報には価値があると言えます。常に鮮度の高い情報が得られる環境に身を置くことで、開発の現場で求められた際に役立つこともあれば、守備範囲から漏れてしまっており情報として宝の持ち腐れをするということもあるでしょう。どうなるかはわかりませんが重要なことは以下のようなことだと考えます。

必要なとき（求められたときに）、正しい場所から、必要な情報を、深く調べて身につける

何か課題を目の前にした際、いつでも実現できる状態にしておくということはフロントエンドエンジニアとして健全であるとも言えます。そして何よりフロントエンドはブラウザという実行環境がすでに整っています。ブラウザのコンソールで試したり新しいものをブラウザで動かしてみるということに迷いは必要ないはずです。

また30年という歴史はWeb・インターネットという産業自身が若い産業であることも意味しています。自動車産業は約100年ほど、製紙業については世界レベルで考えると1000年以上、それらを踏まえるとWebは生まれたばかりの産業と言えます。しかし生まれたばかりのこのWebという産業が重要な社会インフラとなっているのも事実です。Webが社会的な課題を解決してきただけではなく、新しいビジネスモデルや収益を生み出し続けてきました。そしてこれからも新しい発明が生まれ続けていくでしょう。技術的にも産業としてもWebはとどまらず前に進み続けるのです。

パブリックな存在として

開発チームにフロントエンドエンジニアとして在籍する場合、パブリックな振る舞いや公平な判断を求められるケースは多いように筆者は感じます。そうなる理由としては、これまで触れてきたように多方面の技術要素を求められる職種だからということもありますが、チーム開発におけるメンバー内で誰よりもほかの職業の人とコミュニケーションを多く持つということも理由として挙げられそうです。

どの開発チームも成熟しているわけではありません。分業制が行き過ぎた場合、誰かがやるはず・着手済みだろうという認識で浮いてしまった課題はときにフロントエンドエンジニアとして解決できることもあるでしょう。たとえば、デザインには含まれなかった非機能要件としてHTML内のmeta要素についての未決定事項が開発終盤に沸き上がるケースなどを考えてみてください。課題の初期抽出や摘み取りを考えてみると、ブラウザに関する責務を持つフロントエンドエンジニアだからこそ、序盤でプロジェクト責任者とコミュニケーションを取っていれば解決できた問題でしょう。

開発の現場においてどういったチームメンバーとどのようにコミュニケーションするかについての具体例はPart 1の4章でも細かく触れる予定です。

Section 2-4 本書におけるフロントエンドエンジニア像

Front-End

さて本書で実践に取り組むフロントエンドエンジニア像についても、ここではっきりさせておきましょう。これまでの説明でわかったようにすべてを網羅した技術者は、ほぼ存在しないと考えてよいはずです。本書ではアプリケーション開発に従事してくエンジニア像を下記のような現実的な人物として想定します。

- 本格的なプロダクト開発チームへの参画は初めてとなる
- ブラウザを主戦場としWebをプラットフォームにしたアプリケーション開発への興味関心がある
- JavaScriptに関連する情報へのアンテナ感度が高い
- デザインのオーサリングツールについては扱ったことがない
- セマンティックなHTML構造への理解はあるものの熟知しているわけではない
- CSSによるフルスクラッチのスタイリングや特定のCSS設計手法についての知識は乏しい

また以降の記述やPart 2の実践において、前述の表のどの部分を中心に解説していくか、下表にて明示しておきます。実践を通して読後にはチーム開発におけるフロントエンドエンジニアの初歩的な技能習得を可能にするだけでなく、特定の技術要素にしばられず何を解決すべきなのかを知ると同時に、ほかの職能とのコラボレーションやコミュニケーションについての考え方も深まれば幸いです。

❸本書で扱うフロントエンドに関するスキル群

HTTP	**HTML**	**CSS**
SEO	アクセシビリティ	レスポンシブデザイン
CSS ボックスモデル	CSS 設計	CSS メタ言語
JavaScript 構文	**DOM 操作**	**イベントループ**
Node.js	**npm,Yarn**	セキュリティ
JS フレームワーク	**コンパイル モジュールバンドラー**	**リンター**
CSS-in-JS	CSS Modules	CSS フレームワーク
テスト	**型定義**	Web Components
PWA	SSR ServerSideRendering	SSG StaticSiteGeneration
GraphQL	ネイティブアプリケーション	WebAssembly

Part 1 導入編

なぜ使うかを知る

Chapter

3

Front-End

フロントエンドにおける一般的なツール群

フロントエンドを取り巻くツールやキーワード、技術的な用語は短いスパンで様変わりしているような印象を受けることもあるでしょう。少しでもフロントエンドについて触れたり調べ物をしたりしたことがある人は経験していると思われますが、Webで調べた際の情報鮮度や適切かについての妥当性を判断するのは難しい場合が多いように感じます。

本章では具体的なライブラリやツールを挙げていきますが、特定の技術要素よりもそれが開発においてどういった課題を解決するのかといった観点を下敷きにして紹介します。技術要素よりもまずは解決すべき課題と、なぜ利用するのかを理解してください。本章以降もなぜそれを扱うかを重要視していきます。

Part 2以降で実践的に扱っていく技術要素も含む場合がありますが、本章ではそれぞれがどういった課題を解決できるものなのかを簡単に説明し、実践において戦術として選択する際の具体的な課題解決はPart 2に譲る形とします。

Section 3-1
Front-End

Node.jsとその周辺のエコシステム

Node.js[※1]は非同期型のイベント駆動モデルを採用したサーバサイド向けのJavaScriptです。サーバサイドのスクリプト言語というだけではなく、本書で扱うような開発環境において必要なツールやライブラリを動作させるためには必要不可欠になります。

言語自体のアップデートやリリースサイクルですが、毎年LTSバージョン（Long Term Support）となる偶数メジャーバージョンがリリースされ、約3年でEOL（End Of Life）をむかえます。[※2]ほかの言語と比べると比較的速いサイクルでメジャーバージョンが上がっていくことに対して、違和感を抱く開発者もいますが、JavaScript自身が後方互換性を持って言語が発達していくことを考えるとそこまで不思議なことではありません。

Node.jsのコアはChromeに搭載されているV8がエンジンとなっているだけではなく、libuvという非同期I/OをサポートするC言語のライブラリなどから構成されておりバイナリ化され配信されています。Node.js公式サイトにもあるようにlibuvによって実現されるのが、**非同期型のイベント駆動のJavaScriptランタイム**です。

イベントループやコールバックというメンタルモデルを念頭において取り組むことは重要ですが、言語の特徴であるイベントループを理解するため、ここでは簡単なコードサンプルにとどめます。

js

```
const fs = require("fs");
const data = fs.readFileSync("./data.json");
// ファイルが読み込まれるまで以降の処理はブロックされる
console.log(data);
console.log("completed");
```

※1　Node.js - https://nodejs.org/

※2　nodejs/Release: Node.js Release Working Group - https://github.com/nodejs/Release

上記はファイルの読み出しにおけるI/Oがほかの処理をブロックする同期的なコードサンプルになります。data.jsonの読み込みが完了するまで以降の処理はブロックされます。完了後に読み出し代入した変数dataの内容が出力され、その後completedのほうが出力されます。

一方で下記は非同期なコードサンプルです。

js
```
const fs = require("fs");
fs.readFile("./data.json", (_, data) => {
    console.log(data);
});
console.log("completed");
```

この場合ファイルの読み込みを行いますが後続の処理をブロックしません。つまりcompletedが出力されてから、ファイル内容が出力されるという処理順になります。コードとしては単純ですが、JavaScriptはシングルスレッドであるためメイン処理を進めると同時にコールバックキューとして非同期処理を積み上げるのが特徴です。

また昨今は言語の成長からPromiseやasync/await構文を使用するケースも多く見られます。下記はここまでのコードサンプルで出てきたFile System向けのAPIであるfsをPromise化して利用できるコードサンプルです。

js
```
const fsPromises = require("fs").promises;
(async() => {
    const data = await fsPromises.readFile("./data.json");
    console.log(data);
})();
```

ここではこれから扱う技術要素のための前段であるためNode.jsにおけるイベントループやブラウザにおける挙動の解説については解説しませんが、下記の記事や動画を参考にするとより理解が進むでしょう。

◆ Tasks, microtasks, queues and schedules-JakeArchibald.com
・https://jakearchibald.com/2015/tasks-microtasks-queues-and-schedules/
◆ Jake Archibald:In The Loop-JSConf.Asia
・https://www.youtube.com/watch?v=cCOL7MC4Pl0

パッケージマネージャー

またNode.js周辺のエコシステムとしてはNode.jsに付属するnpm[※1]をはじめとしたパッケージマネージャーにも少し触れましょう。npmとはJavaScript用のパッケージマネージャーのCLI(Command Line Interface)のことですが、パッケージを格納するレジストリを提供・開発する会社名でもあります。2020年3月GitHubに買収されています。

類似したパッケージマネージャーとしてFacebookが開発しているYarn[※2]があります。バージョンロックファイルの提供だけではなく、ワークスペースというAPIを備えています。これは別アプリケーションどうしの依存関係を単一にするアーキテクチャであるモノレポを実現するしくみを提供するものです。

本書籍ではYarnを利用して各パッケージ・ライブラリをインストールしますが、Yarn自身のインストールやパッケージのインストール方法についてはPart 2に譲ります。

Node.jsがもたらす恩恵

Node.jsはフロントエンドにおけるアプリケーション開発に不可欠なものとして存在しており、フロントエンドのツールチェイン・開発環境構築を支える根幹そのものです。さらにフロントエンドだけではなくサーバサイドの言語としても有能です。前述どおりイベントループやノンブロッキングという特性を活かすことで、高トラフィックなリクエストをさばいてもパフォーマンスが低下するケースは少ないということも特徴のひとつでしょう。

BFF (Backends For Frontends) というレイヤやメンバーを持つ開発チームにおいては、BFF層とブラウザとで同じ言語であるJavaScriptを扱うことも可能です。共通言

※1 npm | build amazing things - https://www.npmjs.com/

※2 Home | Yarn - Package Manager - https://yarnpkg.com/

語を持つことで一気通貫のコンテキストを開発メンバーに提供し、言語別に切り替える精神的なストレスがない・継続的な開発プロセスも可能にします。

Node.jsはアプリケーション開発のための言語という枠組みから技術選定の主軸になるケースもいくつか存在し、組織的な戦略として候補になりえる言語です。フロントエンドを発端として発展したJavaScriptが戦術としての、戦略として、価値のある言語になるまで発展したのはNode.jsの恩恵が大きいでしょう。

Section 3-2 Front-End

コンパイラ・モジュールバンドラー

昨今のJavaScriptにおいてコンパイラとモジュールバンドラーについては触れておくべき技術要素のひとつになります。コンパイラ・バンドラーの系譜の中で出てくるツールがいくつかあります。

- Babel
- webpack

これらのツールを一言で端的にまとめてしまうと「言語仕様を吸収し解釈可能な状態で展開・連結する変換器」と言えます。また、ざっくりと分類するとBabelが構文解析を行い下位仕様の構文へと変換する一方で、モジュールバンドラーであるwebpackはファイル間のモジュール解決を行い1ファイルに連結させる機能を提供するということが言えます。

では、これらはどう分類されどういった役割を担うのか、またどういったケースで利用されるかについて以下で簡単に紹介します。

コンパイラ：Babel

Babelは新しいJavaScript構文を環境に合わせて解釈可能な下位構文へとダウンコンパイル（ダウンパイルと呼ぶ場合もあります）する役割を担いますが、これにはECMAScriptが年次策定していく新しい仕様と大きく関係があります。ECMAScriptはTC39という団体によって策定されています。開発者から提案される新しい仕様草案の検討から有識者たちによるミーティングなどを経て、ブラウザへの一時的な実装と開発者によるレビューなどを経過し、新しい仕様となるECMAScriptのバージョンを年次で更新していきます。仕様の策定プロセスの中でステージ1〜4という満たすべき基準を元にした段階が存在し、ステージ4で次期仕様への候補という状態となります。更新は年次となるため本書籍が出版される2020年にはちょうどES2021の候補が挙がっており数ヵ月後の承認待ちという状況です。※1

一方でBabel自身がどういったもので構成されたツールかといえば、構文解析のためのパーサやコンパイラとしてのコア機能、それらを補うヘルパーや変換のためのプラグインなど細かなパッケージ群によって構成されています。これらの中にある変換用プラグインこそ、新しい構文が実装されていない環境で実現する手段のひとつとなります。変換用プラグインは直近の年次仕様にのった新しい構文だけではなく、まだ仕様として未確定・候補であるもの、ステージ4という基準に満たないものも存在しますが、昨今の開発においてはbabel/preset-envという主要な変換用プラグインがプリインされたプリセットを利用するケースが多くなっています。babel/preset-envはBabelが解決できること、そしてECMAScriptの策定プロセスとより強く紐づくため、本節の最後にまとめて説明しましょう。

モジュールバンドラー：webpack

モジュールバンドラーであるwebpackは言語仕様の一部であるモジュール機構を実装していない下位環境においての再現（エミュレート）を担当します。設定ファイルの柔軟性やloader、pluginというAPIを提供し強力な結合・連結機能を提供することで周辺のエコシステムも充実しておりアクティブに開発され続けています。webpackのほかにも、設定なしでモジュール解決と連結が可能なParcelや出力の配布形式指定が豊富であるためライブラリでよく使用されるRollup.jsなどが存在しますが、本書ではユー

※1　ECMAScript® 2020 Language Specification - https://tc39.es/ecma262/2020/

ザー数も多くWebアプリケーションの開発という場面で多く利用される主要なバンドラーである点からwebpackを取り上げます。モジュール仕様であるES Modulesの実装がすべてのブラウザ環境で整うにはまだ時間を要することもモジュールバンドラーが利用される理由の1つです。

近代におけるJavaScriptのモジュールシステムは、現時点でアクティブに開発で利用されるものとしては、Node.jsが採用したCommonJSとES2015で採択承認されたES Modulesの2つに大きく分けられます。しかしNode.jsはすでにES Modulesへの移行を試験的に実装しており、今後モジュールシステムはES Modulesへ一本化されていく流れも見えるため、ここではES Modulesを前提にして説明します。

js

```
// module.js
export function add(a, b) {
    return a + b;
}

// main.js
import { add } from "./modules.js";
console.log(`1 + 2 = ${add(1, 2)}`);
```

main.jsにあるaddという関数をモジュールとして分離することで別ファイルから機能を提供可能にする、こういった構文をES Modulesは定義しています。上記のコードサンプルはES Modulesに対応したブラウザであれば基本的には動作するスクリプトです。ただし我々フロントエンドエンジニアが扱うブラウザすべてにおいてES Modulesが動作するとは限りません。Can I use※1が提供する各ブラウザの実装概況は下記のようになっています。Can I useはブラウザでの実装状況を調べるにあたりデファクトスタンダードとなっているデータベースで、クロスブラウザの課題解決を目的としたJavaScriptのツールが利用していることも多く、どういった際に使うかはまた別の箇所で後述しましょう。

※1 Can I use JavaScript modules via script tag - https://caniuse.com/#feat=es6-module

JavaScript modules実装状況

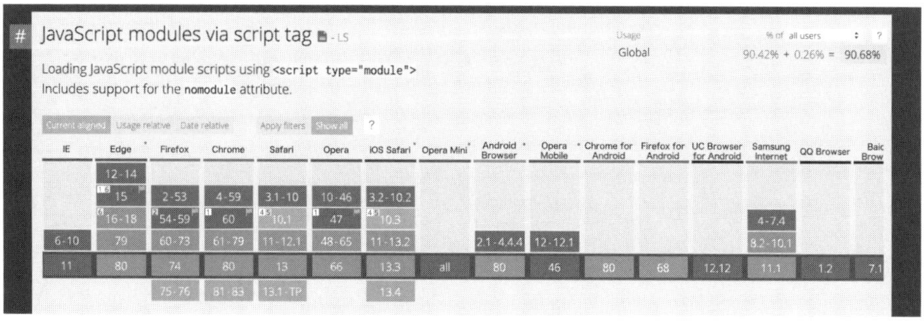

JavaScript modules via script tag - LS

Loading JavaScript module scripts using `<script type="module">`
Includes support for the `nomodule` attribute.

Usage Global 90.42% + 0.26% = 90.68%

IE	Edge	Firefox	Chrome	Safari	Opera	iOS Safari	Opera Mini	Android Browser	Opera Mobile	Chrome for Android	Firefox for Android	UC Browser for Android	Samsung Internet	QQ Browser	Baic Brow
	12-14														
	15	2-53	4-59	3.1-10	10-46	3.2-10.2									
	16-18	54-59	60	10.1	47	10.3							4-7.4		
6-10	79	60-73	61-79	11-12.1	48-65	11-13.2		2.1-4.4.4	12-12.1				8.2-10.1		
11	80	74	80	13	66	13.3	all	80	46	80	68	12.12	11.1	1.2	7.1
		75-76	81-83	13.1-TP		13.4									

webpackは対応していないブラウザ向けに新しい構文によるモジュールシステムではなく、モジュール機構をエミュレートしたファイル連結を可能にします。つまり入力元となるソースファイルではモジュールのための新しい構文を使いながら、出力されるファイルではモジュールシステムを模擬したファイル連結を行うことで、ES Modulesを実現しているかのように振る舞わせることが可能なのです。Babel自身はwebpackにおいてbabel-loaderとして変換の役割を担うため、ほとんどはwebpackをフロントエンドのコードコンパイル環境として選択するケースが多いでしょう。

Babel, webpackが解決すること

さて前述でも触れたbabel/preset-envとECMAScriptの関係についてですが、年次更新されるECMAScriptのステージ4に上がったものから、preset-envにプリインされる変換用プラグインとして取り込まれることになっています。※1

たとえばES2020に採択されるOptional Chainingという構文がpreset-envへ取り込まれる流れですが、Babelのメンテナーやコアメンバーが TC39のミーティングに参加しているケースが多く、GitHubissueで議事録をとったり実況をしたりしているのが公開されています。※2 次期仕様としての採択がほとんど確実となるステージ4に近付くとコミュニティが連携して preset-envへの取り込み打診が行われ※3、それに準じ

※1 babel/proposals: ✍ Tracking the status of Babel's implementation of TC39 proposals (may be out of date) - https://github.com/babel/proposals/

※2 December 2019 • Issue #62 • babel/proposals https://github.com/babel/proposals/issues/62

※3 Enable optional chaining by default in @babel/preset-env • Issue #10809 • Babel/Babel - https://github.com/babel/babel/issues/10809

た別のコミュニティメンバーが取り込みのためのコード変更を行いPRがマージされるという流れが見て取れます。※1 ミーティングでの採択決定からPRまで当日中に完了しているこのスピード感やパワフルなOSS活動によって開発の一部が支えられているといっても過言ではありません。

1 2 Part1 Chapter 3 4 5 6 7 8 9

●GitHub issueにてステージ4への到達を喜ぶ様子

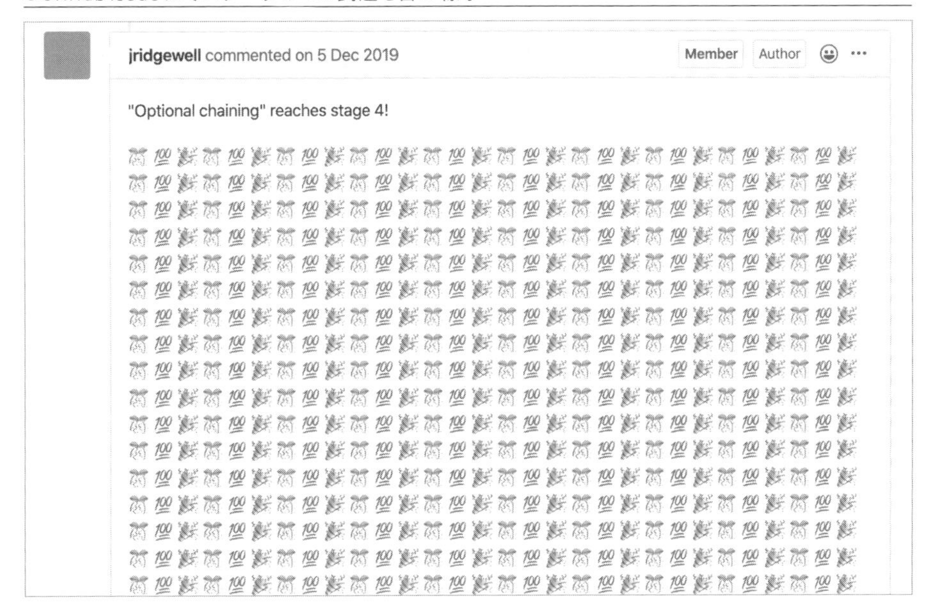

Babel向けの変換プラグインの中にはまだステージ0であるものもあれば、ECMAScriptの正式な仕様として採択されるかわからないプラグイン、ただ変換を目的としたマクロのようなプラグインも存在します。ES2015リリース以前はECMAScriptの策定と歩みをともにするようなエコシステムが形成できていなかったため、正式な仕様として採択される前から新しい構文を変換できるプラグインのみがみだりに作成・使用されてしまったという経緯があります。そういった反省や周囲の声から、Babelをメンテナンスするチームやコミュニティは改善をしてきました。新しい仕様の変換プラグインを利用する開発者からのフィードバックをTC39へ持っていく、babel/preset-envに正式にプリインさせるプラグインはステージ4を通ったものだけとするなど、変化の経緯や取

※1 Add optional-chaining and nullish-coalescing to preset-env by Druotic • Pull Request #10811 • Babel/Babel
https://github.com/babel/babel/pull/10811

り組みはメンテナーの発表資料で一部を確認できます。[※1] **今後も便利そうな構文だからといってプロダクトコードに採択しプラグインをインストールするというのは避けたほうがよいでしょう。**

こういった歩みの元Babelが進めてきたbabel/preset-envはECMAScriptと歩を合わせるだけではなくユーザーである開発者が実際に現場で取り組むような課題である、クロスプラットフォームやブラウザ要件の問題に対しても最適な機能を備えています。それはbabel/preset-envを利用する際にオプションで互換性をどこまで保って変換するかのターゲットを指定可能にするものです。下記は具体的なコードというよりBabel設定オプションとなる記述の一部ですが、変換する際にどのブラウザまで対応させたいかを記述した例です。

json
```json
{
  "presets": [
    ["@babel/preset-env", {
      "targets": "safari >= 10"
      // 下記のようなオブジェクトでの指定も可能
      // "targets": {
      //   "safari": "10"
      // }
    }]
  ]
}
```

上記の設定ではSafari 10以上のブラウザに対応させることが可能です（具体的にはこれだけではOS・ブラウザ対応自体が完了するわけではありません）。つまりSafari 10では実装されていない特定のJavaScript APIを利用可能な状態にBabelは変換処理を行います。こういったケアが行き届くところもpreset-envの選択を推奨する理由の1つです。上記の指定にある`safari >= 10`といったBrowserslist[※2]を利用したクエリを利用するケースはBabel以外にもあるので頭の片隅にでも置いておいてください。

※1 hzoo/role-of-babel-in-js: Role of Babel in JS (TC39 May 2017) - https://github.com/hzoo/role-of-babel-in-js

※2 browserslist/browserslist: Share target browsers between different front-end tools, like Autoprefixer, Stylelint and babel-preset-env - https://github.com/browserslist/browserslist

以上のようにbabel/preset-envはECMAScriptと開発者コミュニティを調整しながら仕様策定のプロセスと歩調を合わせるように進化している点、下位ブラウザ向けに後方互換性を保ったまま開発に取り組むことを可能にしている点が特徴として挙げられます。

さてここまでのBabelに関する説明ですが、限定的かつ必要最低限の情報になっています。Babelのパッケージ構造や役割やwebpackにおけるloader・プラグインのしくみを説明するには紙面が不足しているため、ここでは割愛します。具体的なBabelとwebpackの設定ファイルによって課題を解決するという解説はPart 2以降に譲るとして、ここでは2つによって解決できることをシンプルにとらえておきましょう。

- 開発において年次策定される言語仕様の進化と並行しながら開発できる環境を提供できる
- JavaScriptにおけるネイティブモジュール仕様をエミュレートし現実的に課題を解決できる

これらはいずれも開発において変更可用性、スケーリングの担保をもたらす恩恵となるでしょう。Babelやwebpackを使用する場面がなくなったとしても、コードベースが外的環境の変化に柔軟であることもまた重要な点です。

Section 3-3 JavaScript代替言語：TypeScript

Front-End

JavaScript代替言語というとなんだか仰々しい印象を受けますが、世間的にはAltJSと呼ばれるものを指しています。こういった代替言語を端的にまとめると「JavaScriptに類似した言語体系を持ちつつ別の特性によって開発者に違った体験を与える、最終的にはJavaScriptにコンパイルされる言語」とでも定義できるでしょうか。

AltJSと呼ばれ開発に利用されている言語は数多くあります。先んじてクラス構文やアロー関数などを取り込み、Ruby on Railsとともに利用者が増えたCoffeeScriptが有名ですが、今は極端に利用頻度が減りました。また昨今ネイティブアプリ開発において利用される事例を聞くようになったFlutterでも採用されているGoogle製のDartはJavaScriptにもコンパイル可能です。最近ではTypeScriptと同じく静的型付言語としての特性をもつ言語が増えてきています。Facebookが開発しているReason（こちらはどちらかというとOCamlという言語にJavaScriptを持ち込んだものなのでAltJSとしては適切ではありませんが、JavaScriptにも出力が可能です）やフロントエンド開発に特化したフレームワークでもあるElmといった言語などがそうです。

このセクションで取り上げるのはTypeScriptです。あくまでJavaScriptの構文を維持し、型アノテーションなどで拡張された静的型付言語であり、自身が持つ型システムを省いた記述も可能であるため、JavaScript構文 = TypeScript構文というJavaScriptにとってのスーパーセットとなる存在になります。

ここではTypeScriptがもたらす恩恵と解決できることについて簡単に触れていきましょう。

TypeScriptの特徴

TypeScriptの特徴はいくつかありますが、**静的型付言語であり型チェックとJavaScriptへのコンパイルも担う**というのが大きな特徴です。設定により型制約を加減できますが、厳格な型チェックを行い、型エラーが起きた場合はコンパイルできないという制約を与えることが可能です。よく考えればJavaScriptはブラウザというランタイムの中で特にコンパイルせずともすぐ実行できてしまいます。実行段階に必ず危険性がはらむという環境下において、アプリケーションの些末なバグから危機的なミスに至るまでをコンパイル前の型チェックによって未然に防ぐことができるという特徴は、アプリケーションの堅牢性を保つための一助となります。

TypeScriptが型チェックを行うための型定義はどこに存在しているのでしょうか。いくつか種類があるのですが、それらはTypeScript自身がコアに抱えているもの、コミュニティによって提供されているもの、開発チームがコードベースで抱えるもの、などに分けられるでしょう。DOM APIをはじめとしたブラウザ向けのネイティブAPIの型はTypeScript自身によって保持されています。またNode.js APIをフォローする型定義は@types/nodeのパッケージで定義され多く利用されるなど、型定義の存在しない任意のライブラリの型定義がコミュニティによって管理されているケースもあります。プロダクトやアプリケーションのドメインに紐づくような型定義やプライベートパッケージの型定義が開発チームのコードベースに存在していることもあるでしょう。

またTypeScriptの記法の中にはinterface, typeと呼ばれるような型宣言が存在します。実際の開発では多く活用することになるでしょう。インラインの型アノテーションでは収まらないような引数や戻り値の型が必要な場合に、共通化すべきオブジェクトシェイプが必要な場合に、さまざまなシーンでの利用が目されます。実際の記法についても少し触れましょう。

ts
```
type ArticleComment = {
    id: number
    text: string
};

type Article = {
    id: number
    title: string
    author: string
    authorId: number
    permlink: string
    comments: ArticleComment[]
};
```

Articleは特定のオブジェクトの形（型）を表現したものです。一部ArticleCommentを内部に抱えていますが、ほかはプリミティブな値が型として指定されます。こういった型宣言をコードベースに組み込むことでフォローできることがいくつかあります。

一点はIDEによる型補完の恩恵があります。ブラウザのFetch APIを利用した下記の構文を使って説明します。

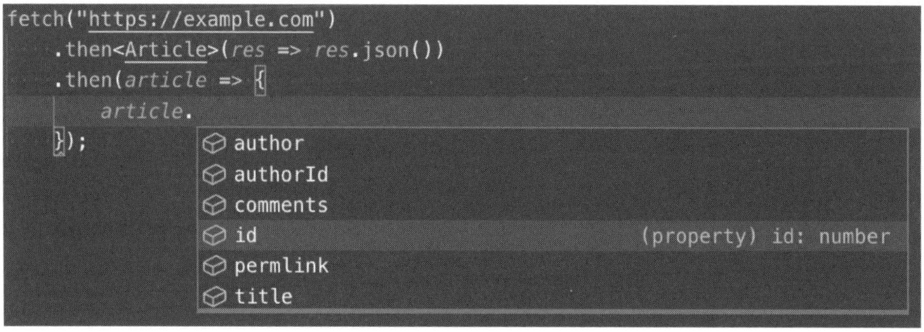

```
fetch("https://example.com")
    .then<Article>(res => res.json())
    .then(article => {
        article.
    });
            author
            authorId
            comments
            id                          (property) id: number
            permlink
            title
```

ここではfetchの後でチェインしている最初のthen句にジェネリクスと呼ばれる型用の引数を与えています（fetch<Article>）。これはTypeScriptが内部に持つ型定義によってジェネリクスが受け取れるようになっています。上記の例では次のチェインであるthen句のコールバック引数であるarticleの型をIDEが補完・推論できる様子がわかるでしょう。

さらにこういった型推論を効かせることでIDEの利便性を受ける恩恵だけではなく、後続する処理におけるミスを防ぐことも可能です。

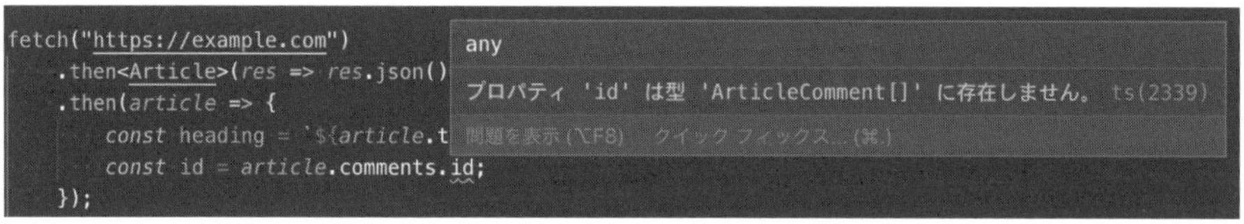

```
fetch("https://example.com")
    .then<Article>(res => res.json()
    .then(article => {
        const heading = `${article.t
        const id = article.comments.id;
    });
                                     any
                                     プロパティ 'id' は型 'ArticleComment[]' に存在しません。 ts(2339)
                                     問題を表示 (⌥F8)   クイック フィックス... (⌘.)
```

上記の例ではarticle.commentsがArticleCommentの型宣言で指定したオブジェクトを要素に持つ配列であることが型によって約束されているので、存在しないプロパティへのアクセスといったミスを型チェックによって防ぐことを示しました。スクリーンショットはIDEによる型チェックエラー表示ですが、これはCLIからもチェックが可能です。

TypeScriptを採用することで得られるメリットは大きく、この節では型チェックとコンパイルエラーによってアプリケーションの堅牢性そしてコードベースの健全性を考慮するうえで、恩恵を受けそうだと大まかに認識していただけると良いのではないでしょうか。

コンパイラとしてのTypeScript

TypeScriptはコンパイラなのでJavaScriptへの出力も行います。前節でBabelについて触れましたが、TypeScriptはBabelのエコシステムとはまた違った、独自の形でECMAScriptの新しい構文をフォローします。変換についてもあくまでTypeScriptからJavaScript構文への変換です。babel/preset-envが持つような不足したAPIのPolyfillを追加するなどは行いません。また次期バージョンのECMAScriptの取り込みなどのロードマップはBabelが確立しているものとはまた別のものになります。※1

またTypeScriptはECMAScriptへ提案された仕様であるdecoratorsが試験的に利用可能ですが、現時点では策定のステージは2からあまり動きがないと同時に現行の実装を鑑みて提案仕様がだいぶ様変わりしてきています。※2 これは言い方を変えればTypeScriptでdecoratorsを利用することで長期的な戦略においては負債にもなりえるということです。利用する場合は考慮のうえ利用しましょう。

さらに独自構文の中にはECMAScriptへの新しい仕様追加により役割が重複するものも存在します。

ts

```
class SomeClass {
    // TypeScript 構文による Private Class Field
    private name: string;
    // ECMAScript へ提案中の Private Class Field
    #name: string;
    constructor() {
        this.name = "foo";
        this.#name = "foo";
    }
}
```

上記のPrivate Class FieldはTypeScriptにおける構文とECMAScriptへ提案中の仕様が2つあります。TypeScriptはいずれも指定可能ですが、今後どういった方向性で仕様が策定され取り込まれていくのか、TypeScriptはどういった方針をとっていくの

※1 Roadmap • microsoft/TypeScript Wiki - https://github.com/microsoft/TypeScript/wiki/Roadmap

※2 tc39/proposal-decorators: Decorators for ES6 classes - https://github.com/tc39/proposal-decorators

かなどを鑑みながらコードベースに反映していくほうがよいでしょう。

TypeScriptによって解決できること

さて簡単でしたがTypeScriptがどういった特性をもつか特徴的なものを紹介しました。開発においてどういった恩恵をもたらすのか、コンパイラとしてどういった立ち位置にいるのかを大きくまとめると下記のようになりそうです。

- コンパイルエラーによってJavaScriptではフォローできない、スクリプト実行前の未然検知を可能にする
- IDEと組み合わせることで型補完やエラーを表示させ開発体験を向上させることができる
- ECMAScriptとの歩みの中でBabelとは別のエコシステムを築いている、早期的に取り込まれた構文利用には注意する

これらは開発においてアプリケーションの堅牢性を高めたり、チーム開発を行ううえでコードベースの健全性を維持することに役立つでしょう。またこういったコンパイルを前提とした静的型付言語を利用することで、「コンパイルできない＝意図しない記述を許容しない」という強力な安全策を講じることができるのです。

Section 3-4

Front-End

フレームワーク・ビューライブラリ：Vue.js, Angular, React

中規模以上のアプリケーション開発においてバックエンドAPIとの連携を主体に据えたビューの構築が必要であったり、ユーザー体験を高めるためにストレスのない画面遷移が求められたり、開発序盤における技術選定の中でフレームワークやビューライブラリの選択が求められることもあります。中長期的な運用や保守の中でプロダクト・アプリケーションの特性を踏まえながら技術選定をすることは開発の現場においては特に重要です。

JavaScriptが再評価されユーザー体験のためのSPA技術などが発明された2010年初頭から中盤ころまでの比較的混沌としていた状況と比較すると、昨今はフレームワーク・ビューライブラリの目指すところが徐々に統一され選定しやすくなったように感じます。

混沌とした変化の時期と比べ、背後を支えるエコシステムが盤石となったことも開発者の学習コストを下げているでしょう。たとえばここで紹介するフレームワークのビルド機構には前述しているwebpackが必ず存在します。過渡期にはJavaScriptでモジュールシステムを実現するアプローチとして、RequireJS、SystemJSをランタイムで実現する手法もあれば、Node.jsに採用されたCommonJSの記法を用いながらBrowserifyがWebのためのバンドルを行う手法もありました。今はそういったアプリケーションとは無関係なことに頭を使う必要はありません。ECMAScriptによって規格化されたES Modulesの記法で、webpackがそれをエミュレートするようバンドルできれば今のところそれで十分なのです。

ここでは昨今アプリケーション開発に利用されることの多い3つのフレームワーク・ライブラリを紹介します。簡単なコードサンプルを元に解説しながらそれぞれの特徴から共通点を見出し、なぜそういった共通点があるのか、そしてそれによって解決できることがどういったものになるかを説明しましょう。

・Vue.js
・Angular
・React

Vue.js

Vue.jsは米国在住の中国人であるEvan Youによって作られたフレームワークです。Evan Youが中国企業でのワークショップ開催を熱心に行うことから本国での利用も多く、日本でもユーザーグループが存在しコミュニティによっていちはやく日本語のドキュメントが作られてきた経緯もあるため、日本における利用者数も多いという印象を受けます。Webを検索すれば日本での事例や日本語のリソースを多く見つけることができるでしょう。またPHPのバックエンドフレームワークであるLaravelの作者がいたく気に入り、LaravelのCLIによって新規アプリケーションが作成される際、ファイルセットにVue.jsが内包されていることもユーザー数が増えてきた理由の1つでもあります。どういった進化を遂げ今に至るかはEvan Youや関係者へのインタビューを中心にしたドキュメンタリー動画からもうかがい知ることができます。※1

公式サイト※2には**ユーザーインターフェースを構築するためのプログレッシブフレームワークです。モノリシックなフレームワークとは異なり、Vueは少しずつ適用していけるように設計されています**、と記載があります。v-ifのような特定のディレクティブを既存の静的なHTMLへ付与することでJavaScriptからのリアクティブなインタラクションが可能になることから、Vueフレームワークは技術選択後の過渡期や移行期にも有効です。さらにSFC（Single File Component）と呼ばれる単一のコンポーネントにDOMテンプレート、スタイル、スクリプトをまとめて記述しコンパイルするしくみを持つことですべてJavaScriptのコンテキストに載せ替えることも可能になります。「少しずつ適用」し小さなコンポーネント群を集約させながら「スケールさせることが可能」なフレームワークと言えるでしょう。

中規模なアプリケーション構築では初手SFCを選択する場面が多いため、ここではSFCによる簡単な記述を紹介します。実践的なコードではありませんが、特徴を説明するうえで必要な要素を盛り込んでいます。

js

```
// main.js
import Vue from "vue";
import App from "./App.vue";

new Vue({
  render: h => h(App)
}).$mount("#app");

// App.vue
<template>
  <div id="app">
    <h1>Introduction</h1>
    <p v-on:click="reverse">{{ foo }}</p>
    <Hello message="Hello Vue!"/>
  </div>
```

※1　Vue.js:The Documentary - https://www.youtube.com/watch?v=OrxmtDw4pVI

※2　はじめに — Vue.js - https://jp.vuejs.org/v2/guide/

```
</template>

<script>
import Hello from "./components/Hello";

export default {
  name: "App",
  components: {
    Hello
  },
  data() {
    return { foo: "foo text." };
  },
  methods: {
    reverse() {
      this.foo = this.foo.split('').reverse().join('');
    }
  }
};
</script>

<style scoped>
  h1 {
    color: #f90;
  }
</style>
```

main.jsにおける処理はid属性にappを持つ要素にVueインスタンスをマウントしています。マウントされるものはApp.vueというSFCとなります。SFCはHTMLテンプレートとなる箇所、スクリプト記述箇所、CSSの記述箇所の3つの塊にまとめられます。vueファイルで完結しビューの構築を一通り実施できる単位をここではコンポーネントと呼びましょう。

✚HTMLテンプレート：<template>

html

```
<template>
  <div id="app">
    <h1>Introduction</h1>
    <p v-on:click="reverse">{{ foo }}</p>
```

```
    <Hello message="Hello Vue!"/>
  </div>
</template>
```

ここにはHTMLテンプレートが記述されます。`{{ var }}`といったテンプレートエンジンによく見られるMustache記法が使用されているのが目に入るでしょう。ここには変数やJavaScriptの式を記述できます。主にスクリプトのフィールドで記述するようなデータモデルの変数を記述することが多くなるはずです。また`v-`の接頭辞で始まるディレクティブ（HTML要素属性のような記述）も特徴的です。コードサンプルでは段落要素に`reverse`というメソッドをこのDOMのクリックイベントのハンドラとしてアタッチしています。

ひとつだけ既存のHTML要素ではないものが存在しています。`<Hello message="Hello Vue!"/>`といった独自のタグのような記述です。これはほかのSFCファイルを参照するコンポーネントであり、このテンプレートに引き込みビューとして扱うことが可能になります。

✚スクリプトテンプレート：<script>

js

```
import Hello from "./components/Hello";
```

冒頭にはES Modulesで前述の`Hello`コンポーネントが引き込まれています。コンポーネントの参照とスクリプトフィールドへの組み込みを記述しHTMLテンプレート内でほかのコンポーネントが利用になるのです。

js

```
export default {
  name: "App",
  components: {
    Hello
  },
  data() {
    return { foo: "foo text." };
  },
```

```
  methods: {
    reverse() {
      this.foo = this.foo.split("").reverse().join("");
    }
  }
};
```


スクリプト箇所がオブジェクトをエクスポートしていますが、ここにはVueが持つ規定のAPIを利用したプロパティやメソッドが多く並ぶことになるでしょう。たとえば、data()はコンポーネントにおけるデータモデルを定義します。

そしてmethodsにはVueインスタンスに組み込まれるメソッドを定義します。ここではHTMLテンプレート内のディレクティブでクリックへのハンドラとしてアタッチしたreverseというメソッドが定義されています。

✚CSS：<style>

html

```
<style scoped>
  h1 {
    color: #f90;
  }
</style>
```

スタイルに関しては特段説明の必要はありませんが、h1へのカラープロパティを指定しているので<h1>Introduction</h1>の見栄えが変わるのだということはわかるはずです。しかしここで重要なのはstyleタグへ記述されたscoped属性になります。この属性が付与されると記述したスタイルはこのコンポーネントにのみ適用されます。コンポーネントが感知しないスタイル影響や親子関係によるスタイルの上書きなどを考慮しなくても良いということになります。こういったCSSのスコープをコンポーネント単位で閉じてしまうアプローチはVueに限らず、JavaScriptのコンテキストで完結するようなライブラリにおいて見られる昨今の手法です。

✚Vue.js簡単なまとめ

Vue.jsはコミュニティの支えるライブラリが数多く存在し実績も多くあるので手に取りやすいというのも選択の理由となるでしょう。状態管理ライブラリ（状態管理とは何か、なぜこういったライブラリが必要かは次節で解説します）としてのVuexや、SSRやルーティングなどを網羅したNuxt.jsなどが存在します。

ここまでのSFCの説明でもわかるようにVueはコンポーネント単位で責務をまとめSFCというファイルに集約することで視覚的・機能的にコンポーネントが果たすべき領域をとらえることが可能になっています。これまでの開発においてフロントエンドが扱うレイヤは下記のようになっていました。

- 静的なHTMLをバックエンドのテンプレートエンジンで生成
- 見栄えの分離を行うためにCSSファイルを別リソースとして読み込み
- UI・インタラクションのためにJavaScriptファイルを別リソースとして読み込み

こういった3層のレイヤ構成が一般的だったのに対して、Vueは別々に分離されたレイヤ・責務を**「コンポーネント」**という単位で1つのレイヤに統合していることが大きな特徴と言えます。

Angular

AngularはGoogleが開発する、**HTMLとTypeScriptでシングルページクライアントアプリケーションを開発するためのプラットフォームであり、そしてフレームワーク**です。バージョン1.xとして開発されたAngularJSとは互換性はなく、ここでの説明は現行のバージョン9をベースにして解説します。

Angularは開発における一通りのものがすべてそろっているといってもよいでしょう。SPAのためのクライアントルーティングからフェッチしリソースを取得するHttpClientなどアプリケーション開発に必要となるものをモジュールとして最初から持っているのが特徴です。またそれだけではなく、コマンドラインツールによる開発一式も完備し、コードベースの足場を作るスキャフォルドやテストランナー・ユニットテストのしくみまで網羅しています。Angular自身がTypeScriptで記述されており最初からTypeScriptでのコーディングが求められます。

Angularがもつフレームワークの概念やアーキテクチャは盤石であるため、ファイル構成や管理方法、細かなツールチェインを組み合わせ調査し選定するといった考慮はほとんど必要ありません。これはAngularひとつでワンストップに開発領域を網羅できることからもわかりますが、理解を進めるには公式ドキュメントにより指南されたファイル構成・スタイルガイドが一番参考になります。Angularユーザーグループによって日本語に翻訳されている公式ドキュメントが存在しているので参考にしてみましょう。※1

ただしソフトウェア設計やアーキテクチャの文脈において多少の前提知識が要求されます。たとえば、デコレータによるDI（Dependency Injection）などがその例とも言えるでしょう。デコレータを使用したクラス自身への依存オブジェクトの注入、サービスや他モジュールのインスタンスがコンストラクタインジェクションによって実現される依存解決、こういったものをなぜ利用するのかどういうケースで必要なのかをフロントエンドの文脈だけで理解するには難しい場合があります。ほかにも外部通信など非同期を扱う際に登場するRxJSなども存在し、Observablesといったアーキテクチャやストリームというシーケンスについての理解も求められますがここでは触れません。

さて公式ドキュメントを頼りにしながら簡単なアプリケーションを作ってみましょう。ファイル構成は下記のようなものを想定します。

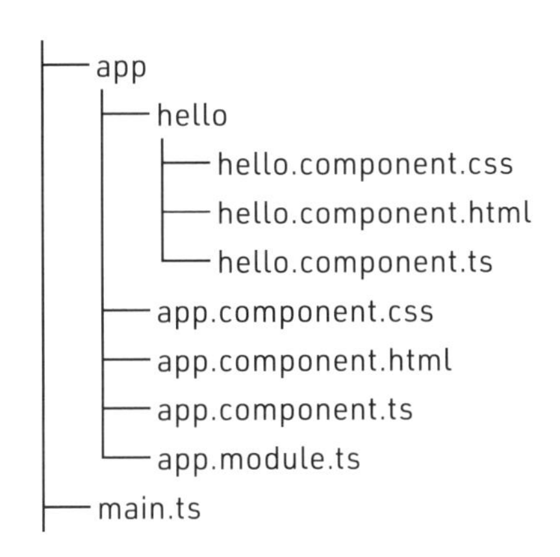

※1 Angular日本語ドキュメンテーション - Angularコーディングスタイルガイド - https://angular.jp/guide/styleguide

昨今のフロントエンドの文脈ではwebpackとの組み合わせで起点となるファイルをエントリファイルと呼ぶケースがあります。ここでのmain.tsがエントリファイルとなり、起点として階層別にコンポーネント群が集約されていくことになります。公式ドキュメントをベースにした命名規則やファイルツリーが示すように、Vueと同じくコンポーネント指向でmain.tsをエントリファイルとし下層コンポーネントから上位レイヤへ集約されるような構造だということがわかるでしょう。基本的にはモジュール、コンポーネント、HTMLテンプレート、CSSという4ファイルにより1つのコンポーネントを構成するというのがスタイルガイドの示すこと、そして一般的な手法でしょう。

main.tsts

```
import { platformBrowserDynamic } from "@angular/platform-browser-dynamic";
import { AppModule } from "./app/app.module";

platformBrowserDynamic().bootstrapModule(AppModule);
```

main.tsはここでの簡単なアプリケーションの初期化以外、コード上で特筆すべきことは多くありません。起点となるAppModuleをDOMへマウントさせるために必要な記述です。ではアプリケーションの起点となっているapp.components.{ts, html, css}を中心に見ていきましょう。

NgModule：app.modules.ts

ts

```
import { BrowserModule } from "@angular/platform-browser";
import { NgModule } from "@angular/core";

import { AppComponent } from "./app.component";
import { HelloComponent } from "./hello/hello.component";

@NgModule({
  declarations: [AppComponent, HelloComponent],
  imports: [BrowserModule],
  providers: [],
  bootstrap: [AppComponent]
})
export class AppModule {}
```

AppModuleは@NgModuleデコレータが付与されたクラスです。アプリケーションに必要な外部モジュールを整理・集約し、下層レイヤに分配する役割を担います。アプリケーションには少なくとも1つのルートモジュールが必要となります。

declarationsにはモジュール配下におけるコンポーネントなどを、importsにはこのコンポーネントが使用する外部モジュールなどを指定します。またprovidersにはDIしたいサービスクラスなどを、bootsrapには起動するためのエントリコンポーネントを指定することで、このアプリケーションは起動できます。

＋Component：app.component.ts

ts

```
import { Component } from "@angular/core";

@Component({
  selector: "app-root",
  templateUrl: "./app.component.html",
  styleUrls: ["./app.component.css"]
})
export class AppComponent {
  private appMessage = "Hello Angular.";
  public reverse() {
    this.appMessage = this.appMessage
      .split("")
      .reverse()
      .join("");
  }
}
```

ここに記述されるものはAngularコンポーネントのインスタンスを作成しそれが扱う変数やメソッドが指定されるほかデコレータによる記述が特徴的です。@ComponentデコレータはこのクラスがAngularコンポーネントであることを示しAppComponentはフレームワーク内でコンポーネントとして利用され、もっとも基礎的なUIを構築する記述となります。デコレータで注入されるものはメタデータですが、テンプレートとスタイルへのパスなどが指定されています。

クラス内部にはプライベートメンバーのappMessageが定義され、パブリックメソッドreverseが定義されており、Vueにおけるデータモデルやイベントハンドラなどをオブジェクトとして定義した形とよく似ています。

+HTML：app.component.html

html

```html
<div>
  <h1>Introduction</h1>
  <p (click)="reverse()">{{ appMessage }}</p>
  <hello [message]="appMessage"></hello>
</div>
```

HTMLテンプレートの一部にはMustache構文が利用されています。Vueと同じくこのブラケット内部にはコンポーネントにおける変数やメソッド、JavaScriptにおける式の記述・評価が可能です。(click)="reverse()"によって明示されるのはイベントバインディングとなり、p要素をクリックした際のハンドラが右辺に指定されます。

<hello>で始まるものは要素ではなく別コンポーネントとなります。ここで[message]="appMessage"と記述された形式は、プロパティバインディングであり、helloコンポーネント内のmessageプロパティに本コンポーネントのコンテキストに存在するappMessageを渡しています。

+CSS：app.component.css

css

```css
h1 {
  color: #f90;
}
```

ここに記述されるのはブラウザが解釈できる一般的なCSSになります。ただしVueと違って明示的にスコープがこのコンポーネントのみであることを示す記述をしなくても、このスタイル定義はコンポーネント内のみにとどまるというのが特徴的でしょう。

✚Angular簡単なまとめ

Vue.jsが単一のコンポーネントにHTML、CSS、そしてロジックをまとめていることとは逆にAngularではいずれも別々のファイルとして分離しフレームワークのスタイルガイドにコンポーネントの各ファイル構成指南までしています。しかしながら根底にあるのは**いずれもコンポーネントをベースにした構成となっている**ことがわかります。アプリケーションではエントリコンポーネントが起点となり下層のコンポーネントが束ねられていくという形はVue.jsとAngularでさほど大きくは変わらないでしょう。

Angularはスタイルガイドで理想となる構造を示していることで、Angularに親しんだ開発者ならAngularを利用したどんなプロジェクトでも目的のファイル設置箇所や、ロジックや変数を定義した場所が類推可能になります。開発チームの取り組み方やスタイルによっては好き嫌いが分かれるところではありますが、大規模なアプリケーションにおいてコードベースの堅牢性や健全性を維持し続けるうえでは選択肢の1つとして有効でしょう。

非常に雄弁なフレームワークであると同時に初手から学習領域が多くなることも特徴の1つです。文中に出てきたようなDIといったソフトウェアパターンだけではなく、DIと深く紐づくサービスクラスという考え方を始め、具象的な技術要素をラップし抽象化されたHttpClientなどの既存モジュールやAPIなどアプリケーション開発を始めるにあたり、学習すべきことが多いということも特徴と言えます。

重要な点は**コンポーネントを主眼にしたUI構築**といった構成になっている点はVue.jsと変わらず重要な点となります。

React

Reactは本書のPart 2実践編でも取り上げます。開発の中で実践的にどう利用するのか、なぜReactを選択するのか、そして具体的なコードサンプルはPart 2に譲ります。ここではReactの特徴を説明し最後にはここまで出てきたフレームワークとの違い・共通点を明らかにします。

ReactはFacebookによって開発されている**ユーザーインターフェース構築のためのJavaScriptライブラリ**です。これは公式サイトでも名言され、そしてReactが強く打ち出している特徴でもあります[※1]。ここに込められた意味としては**UI構築にのみ関心を寄せたライブラリ**であり、Vue.jsやAngularの公式ドキュメントに示されるようなフレームワークでアプリケーション開発を行うにあたっての最初から完成に至るまでのプラクティスやガイドをReactは細かく用意しているわけではありません。アプリケーションの足回りから具体的なバックエンドAPIとの連携、中規模以上のアプリケーションにおいて外部モジュールとReactをどう構成していくかなどを公式ドキュメントで詳しく明言していないことからも、Reactはシンプルなビューライブラリであることを物語っています。特に開発を始めるにあたり多くを網羅したオールインワンフレームワークであるAngularと比較するとかなりミニマムで、そもそも担える役割がそれぞれ違いそうです。

ReactがUI構築にのみ関心を寄せており導入が容易である、ということはどういうことなのか。公式ドキュメントに載っている一番短いコードサンプルを見るといかに簡易的がわかります。

js

```
ReactDOM.render(
  <h1>Hello, world!</h1>,
  document.getElementById("root")
);
```

ここではrootというid属性をもった要素に`<h1>Hello, world!</h1>`というビュー・コンポーネントをマウントしています。構築されるDOMは下記のようなものになるでしょう。

html

```
<div id="root"><h1>Hello, world!</h1></div>
```

ES2015以降のクラス構文やnew演算子によるインスタンスの作成、そしてデザインパターンなどを含んだソフトウェアの文脈における特定の知識はここでは必要ありません。もちろんそれらは現場におけるアプリケーション開発には必要な知識ではありますが、初手にかかる学習コストを小さくしReactはすぐ始めることが可能です。

※1　React - ユーザーインターフェース構築のためのJavaScriptライブラリ - https://ja.reactjs.org/

✚JSX：JavaScriptの拡張としての表現

前段のコードサンプルで示した`<h1>Hello, world!</h1>`といった記述はHTMLではありません。Vue.jsでも登場したSFC/vueファイルのような独自のファイルへの記述でもありません。この構文はJavaScriptを拡張したJSXという構文になります。独自拡張構文ですのでブラウザのランタイムでは解釈不可能です。BabelにおけるReactJSXのためのプリセットである、babel/preset-reactを利用することでランタイムにおいて実行可能なコードにコンパイルできます（TypeScriptにおけるコンパイルも存在しますがここではBabel由来でのコンパイルを前提とします※1）。あくまでJavaScriptの拡張構文であるため、HTML・CSSファイルを作成してインポートするといった責務の分離でもなければ、HTMLに類似したテンプレートを作成し1つのコンポーネントとして束ねるといったアプローチでもありません。むしろJavaScriptのコンテキストですべて完結させているため、記述はすべてJavaScript（と拡張されたJSX構文）になります。

jsx

```
function Component() {
  const items = [
    {id: 1, name: "HTML"},
    {id: 2, name: "CSS"},
    {id: 3, name: "JavaScript"},
  ];
  const headingStyle = {
    fontSize: "18px",
    color: "#f90",
  }
  return (
    <>
      <h1 style={headingStyle}>Front-End item list</h1>
      <ul>
        {items.map(item => {
          return (
            <li key={item.id} onclick={() => {
              alert(item.id);
            }}>{item.name}</li>
          );
        })}
```

※1　JSX•TypeScript-https://www.typescriptlang.org/docs/handbook/jsx.html

```
    </ul>
  </>
 );
}
```

そしてJSXが提供するのは、HTMLに近しい表現によって得られるフロントエンドフレンドリーなコード上の可読性だけでなく、宣言的なプログラミング手法も提供します。if文による分岐やswitchによる処理フローを記述せずJSXを使用することである種DSL（Domain Specific Language＝ドメイン固有言語）のような表現力を持たせることも可能です。

js

```
function App() {
 return (
  <Message>
   <When partOfTheDay="morning">
    <Lang.Ja>おはようございます。</Lang.Ja>
    <Lang.En>Good morning.</Lang.En>
   </When>
   <When partOfTheDay="evening">
    <Lang.Ja>こんばんは</Lang.Ja>
    <Lang.En>Good evening.</Lang.En>
   </When>
  </Message>
 );
}
```

React（JSX）がなぜJavaScriptのコンテキストで完結するよう設計されているかという点は公式にも記載があるとおり、**マークアップとロジックを別々のファイルに書いて人為的に技術を分離するのではなく、Reactはマークアップとロジックを両方含む疎結合の「コンポーネント」という単位を用いて関心を分離**[※1]しているからにほかありません。Vue.jsはコンポーネントを*.vueファイルとして束ねたアプローチに似ていますが、HTML・CSS・JavaScriptを集約するわけではなく、あくまでJavaScriptの構文にすべてをおさめる形になります。しかしながら、ここまで登場したVue.js、Angularと同じように**Reactもまたコンポーネントを指向するライブラリ**の1つなのです。

※1　JSXの導入 - React - https://ja.reactjs.org/docs/introducing-jsx.html

✚仮想DOMという考え方

JSXが宣言的であると同時に、Reactが持つ仮想DOMというも概念も少し踏まえておく必要があります。ReactはUIをブラウザへ表示するため実像であるDOMに転写するため、木構造のオブジェクトで構成された中間的なUI表現層をインメモリ上に展開します。これを仮想DOMと呼びます。

⊗仮想DOMと実DOM

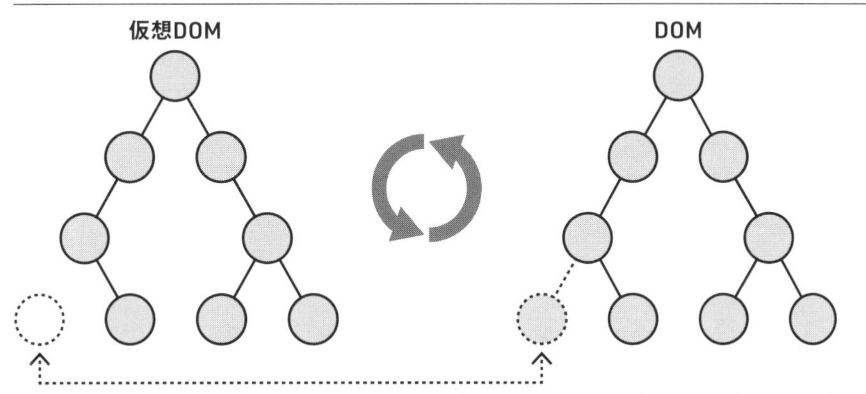

仮想DOMを持つことでUIの差分検知を可能にしています。中間層にある仮想DOMはコンポーネントの更新時に木構造のオブジェクトにおける差分のみを検知し、変更のあった差分のみを実DOMに転写、変更を反映します。Reactを扱う開発者は宣言的にUIを記述するのみで、コンポーネントのどのDOMを更新するかということに意識的である必要はありません。仮想DOM自体もコード上で意識する必要はなく、JSXによって実現されるものです。フロントエンドフレンドリーなJSX構文によるUI表現、それこそがReact/JSXを宣言的たらしめていると言っても過言ではないでしょう。さらにはブラウザ上のDOM APIは徹底的に隠蔽されており、宣言的な記述がロジックによってのみ更新されるという点は多くの開発者がReactを選ぶ優位性として感じている1つの理由でもあります。

✚Vue.js, Angularとの違い・共通点

Vue.jsはSFCという名前でコンポーネントをvueファイルに集約しました。Angularはフロントエンド向けのファイル各種を責務で分離しつつもコンポーネントという単位でUIを表現する構成を選んでいます。Vue.js、AngularいずれもUIの更新はHTMLテ

ンプレートにおいてデータモデルを参照する変数やフレームワーク独自のディレクティブなどによって制御されDOM更新に影響を与えます。

Reactはどうでしょうか。JSXという拡張構文を持ちつつも、あくまでJavaScriptの文脈上ですべてを成立させます。また仮想DOMという木構造の概念を持ちながら差分検知と更新を内部に抱えているため、開発者はその概念を意識することなく、宣言的なUI表現であるJSXを記述することで、ブラウザで実際に表現される際のUIの一貫性を保つことができます。JavaScriptのコンテキストからぶれることなく最終的に描画されるUIのみに集中できるという点は、新しい概念を理解するというメンタルモデルの形成においてストレスは少なく優れていると感じる開発者も多いことでしょう。

Reactがほかのライブラリと違う点をシンプルにまとめると下記のようになりそうです。

- オールインワンのフレームワークではなくUI表現にのみ関心を寄せたライブラリである
- ReactはHTMLテンプレートとして記述されるのではなく、JavaScript構文として記述される
- JavaScriptのコンテキスト内で完結し変更差分を意識することなくUIに集中できる

ReactとVue.jsとの共通点に仮想DOMによる差分変更が挙げられますが、**3つともに共通していることはコンポーネント指向である点です。**

コンポーネント指向のフレームワーク・ライブラリであること

中規模以上のアプリケーション開発において、追加機能開発のたびにゼロベースから技術選定・設計・実装することはほとんどないでしょう。ライブラリやフレームワークの選定やアプリケーションの特性を鑑みた技術基盤のないままチーム開発が進むことはほとんどないと言えます。

フレームワークやライブラリを導入することでフロントエンド開発はコードベースの一貫性を保つことが可能になりますし、チーム開発において共通のナレッジをはぐくみながらアプリケーションとともに成長させていくことができます。フレームワークの選定にはユーザー数が多いこと、コミュニティがアクティブであることなどももちろん重要ですが、チームの学習状況やメンバーのスキルにあったライブラリを選定するということも考

慮すべきことのひとつです。

この節で取り上げたVue.js、Angular、React、これらの特徴的な共通点はコンポーネント指向である点を挙げました。**コンポーネントという考え方を重視したフレームワーク・ライブラリが、なぜ現代のフロントエンド開発において有効であるか、何を解決できるかを探っていきましょう。**

＋捨てやすさ

コンポーネント指向であることは捨てやすいとも言えるでしょう。捨てやすいと言うと、後先考えず可読性・保守性の低い稚拙なコードを大量に生産するといった誤解が生まれそうですがそうではありません。ここでの「捨てやすい」には、疎結合で依存性が低い状態にあり堅牢かつ柔軟という重要な意味を含んでいます。

ここで挙げたフレームワーク・ライブラリはいずれも大小さまざまなコンポーネントを下層から組み上げて、上位レイヤで統合しビュー全体を構成することになるでしょう。つまりコンポーネント1つ1つが疎結合である必要があり、自らの責務を果たすためにはほかのコンポーネントとの依存性を最小限まで排除することが求められます。そうすることでコンポーネントは単体で役割を果たせるようになり、たとえコンポーネントを一部削ってもアプリケーションは成立する状態が確立できるのです。**捨てやすいとは変更が容易である、すぐに代替可能であると言い換えてもよいでしょう。**

なぜ捨てやすく変更が容易である状態は理想的な状態なのか。それはフロントエンドを取り囲む外的な要因、そしてフロントエンド開発に求められる要件から考えることができます。

＋技術的な潮流に求められる柔軟性

本書のここまでの説明で何度か触れているようにECMAScriptは年次で更新されます。JavaScriptだけではなくフロントエンドを取り囲む技術要素はいっときの混沌とした状況は脱しつつも、ブラウザには新しいAPIが生まれ続け使用しているフレームワークは順次アップデートしながら新しい体験を可能にするような新しいAPIを追加していくでしょう。

そういった外的な環境を踏まえるとコードの可用性・捨てやすさを担保しておくこと

は当然のように思えます。たとえばですが、ライブラリの古いAPIから新しいAPIに変更することでパフォーマンスが少しずつ改善されるとしたらどうでしょう。ユーザーに届けられるスピードが速くなることは1つの価値です。組織やチームが1つ1つのコンポーネントを順次変更していくことが許せる状況であるならば、**コンポーネントを疎結合に構成しいつでも変更できる状態を保つことは技術的な環境の変化にも耐えうる**ということです。

＋フロントエンド開発に求められる要件

初期リリース以降の開発もしくは成熟したアプリケーション・ソフトウェアの開発現場においては、大きな機能追加がない限りアプリケーションの成長はユーザーが触れる面、つまりフロントエンドにおける変更が主体となります。これはスピード感のあるリリースサイクルが求められる昨今の開発状況においては当然のこととも言えるでしょう。

事業を展開するプロダクト開発においても、納期を決められた受託開発においても、リリースして納品または完成品がそのまま運用され続けるというケースは早晩ほとんど見なくなるでしょう。すべてのソフトウェアは、運用され続け、ある程度経年に耐えうる堅牢性と保守性を持つべきなのです。日本的なIT視点での短期終了型の開発・納品やリリースをゴールとした前時代的な開発スタイルではなく、ユーザーへ価値を届けるため仮説検証を行いリリースサイクルを速めることが求められてくるはずです。

そういった時流の中で**フロントエンド開発に求められることとはスピード感をもって継続的に変更に対応しながらも、障害やバグを生みにくい堅牢性の高い状態を保つことが重要になってきます。**我々が従事するフロントエンド開発では**変更につぐ変更へ耐久性のある、「捨てやすさ・変更容易性」が強く求められる**のです。

＋コンポーネント指向であることによって解決できること

以上のことから、コンポーネント指向のフレームワーク・ライブラリを利用することで構築可能な「捨てやすさ・変更容易性」を持ったコードベースは以下のことを解決できそうです。

- フレームワーク・ビューライブラリを利用することでチーム開発におけるコードベースの一貫性や保守性を持つことができる
- 疎結合なコンポーネントであることで技術的な変更に耐えうる、時間とともに古

びたり腐ったりしても変更可能な状態を保つことができる
- スピード感のあるリリースサイクルを求められるフロントエンド開発において十分な堅牢性と持続性を発揮できる

本書では耐久性や持続性をもたせるにあたり、ライブラリやフレームワーク以外からもどういった工夫が必要になるか、以降でも提案していきます。

Section 3-5 状態管理・データレイヤ：Redux

Front-End

前節では「コンポーネント指向」のライブラリ・フレームワークを紹介しました。コンポーネント指向であることで、可用性に優れ疎結合で依存性が低いという特徴から、入れ替え可能であったり捨てやすかったりするのが利点であることは前述の通りです。

さて、はたして疎結合なコンポーネントの集合によってアプリケーションは成立できるでしょうか。ユーザーのログイン状態は各コンポーネントで管理したほうがよいのでしょうか。一意のAPIエンドポイントから取得できるリソースがあるとして、リソースから得られるデータが必要な複数のコンポーネントは一つ一つが都度リクエストするのでしょうか。

おそらく「疎結合なコンポーネントの集合によってアプリケーションは成立できる」に対する答えは「できない」がおおよその答えになるでしょう。アプリケーションにより規模は大小さまざまあります。しかし単一責務を果たすための疎結合なコンポーネントで構成されたアプリケーションはリリースからサービスがスケールしていけば、疎結合であるがゆえ制限が増えたり拡張性が失われたり伸長させていくにあたり壁にぶつかるはずです。**フロントエンド、特にブラウザで扱うアプリケーションにおいてコンポーネントをまたぐような横断的な関心事は不可欠といっても過言ではないでしょう。**

アプリケーションにおけるグローバルな状態や横断的関心事を例に挙げながら、この節ではその状態管理を解決するためのライブラリやパターンについて触れていきます。これまでクライアントサイドのプログラミングでとられてきたクライアントMVCという概念により解決してきた方法を簡単に説明しつつ、そのうえで解決できなかった課題に対するアプローチとして、Fluxパターンの中でも汎用性が高いReduxを取り上げます。Reduxが状態管理という面からなぜ有効なのか、ブラウザにおけるプログラミングとしてメンタルモデルをいかに形成しやすいかも合わせてお伝えすることで、理解の一助になれば幸いです。

ブラウザにおける状態管理は煩雑である

ブラウザで起こることはほとんどが副作用の連続と言ってもよいでしょう。ユーザーからの操作を受け変更される値を元にブラウザへHTMLを返す、もしかしたらそういったシンプルなイメージを持つ人もいるでしょうが、もう少し複合的に考える必要がありそうです。

たとえば以下のような要件において、ブラウザの状況・動作を考慮しながらブラウザで画面遷移を完結させるような動的な実装を行う際、フロントエンドで考慮しそうなケースを考えていきましょう。

- ブラウザやOSによる制限要件が存在し対応できないブラウザには未対応画面を提供する
- また画面サイズの制限も要件に存在、320px未満のデバイスには未対応画面を提供する
- ログインの有無によりログイン画面を提供するか後続の画面を提供するか決まる
- スクロールによってリスト取得のAPIへリクエストし画面に要素を足し込む

ざっくりとしていますが、ユーザーがブラウザで画面を開いてからのフローは以下のようになるでしょう。

◎フロントエンド一画面におけるフローチャート例

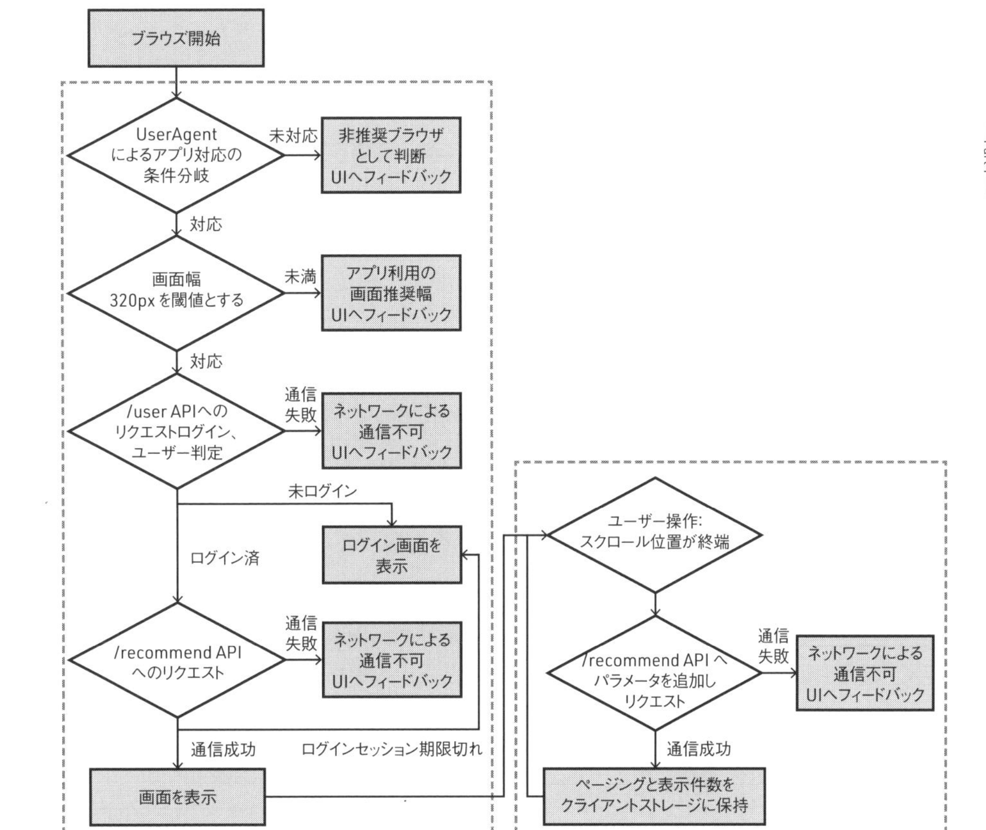

以上のようなフローを考えていくと、機能としてはそこまで多くない画面でもフロントエンドで考慮すべきことはかなり多いように思えます。任意の変数によってのみ冪等なUIや振る舞いを確定できるかというと怪しい部分もあるでしょう。設計前段の要件を固めるうえで考慮すべきことも多いのですが、設計や実装で考慮漏れに気付くなど、ユーザー面で起きうることはなかなか網羅しきれない場合もあります。

- OSやブラウザ、各種バージョン
- ネイティブアプリ内ブラウザで開いたケースの考慮
- 対応すべき画面幅、タッチデバイスもしくはデスクトップ
- 永続的とは言えない揮発性の高いブラウザストレージ層の利用有無
- ブラウザのセキュリティ設定による制限
- 通信状況が良くない際のUIへのフィードバック
- 複数タブで開いていた場合にどうなるかの考慮

以上のことを列挙するだけでも、機能追加をしたいという要件に対して主たる目的以外にフロントエンドでは考慮すべき項目は多く存在します。さらに画面操作における挙動であるブラウザのイベントにハンドラを取り付け、イベントごとに何かを実行させるということをフロントエンドは行うことが多いのですが、ユーザーイベントだけではなく以上のようなブラウザを操作するユーザーが閲覧するデバイスや周辺環境も考慮に入れなくてはいけないのもフロントエンド開発の特徴です。

横断的な関心事やさまざまな考慮事項が多いフロントエンド開発において、ユーザーの操作ごとに変化する状態というのは複雑化しやすいものです。サーバでレンダリングされたHTMLを受けてから、ユーザーがどういった目的を果たすかでブラウザにおけるユーザー行動のライフサイクルが変わってきます。目的を果たすための時間が長ければ長いほど、状態は複雑化し管理も煩雑になるでしょう。ことSPAと呼ばれる、ライフサイクルがより長いアプリケーションにおいては、扱うデータもUIの状態も多岐にわたるためなにがしかのソリューションが必要になります。

フロントエンドは複雑化する状態管理に対していくつか解決のアプローチを行ってきました。まずはクライアントMVCという考え方を足がかりにして解説しましょう。

クライアントMVC

MVCとはModel、View、Controllerの頭文字をとったものです。極端に抽象化するとModelはアプリケーションのデータモデルを、Viewは出力を、Controllerは入力を担当します。コンテキストによってはGUIを持つアプリケーションにおけるアーキテクチャパターンの1つを指す場合もありますし、昨今のサーバサイドフレームワークにおける構成パターンの1つを指す場合もあります。前者・後者の解説によっては役割が多少違うので一度コンテキスト別のMVCの役割を整理しましょう。

	GUI アプリケーション	サーバサイドフレームワーク
Model	データ構造や UI の状態、データ操作メソッド、データを監視し View に通知する	データ構造（DB エンティティと同義）、データ操作メソッド
View	Model の値をユーザーに適切に表示する画面インターフェース	ブラウザに渡すために Model の値を埋め込んだ HTML
Controller	ユーザー操作を受けてモデルへ変更を伝える	リクエストを受けて処理を振り分けデータ操作メソッドを呼び出す

Webフロントエンドにおいて成長したクライアントMVCはこれらを複合的に組み上げられ解釈されたものであるケースが多いはずです。以下でフレームワークを利用せず実際のMVCを模したコードを展開し解説していきます。

簡易的なクライアントMVC

以下に示したものが簡易的なクライアントMVCです。MVCというデザインパターンがそうであったように、オブジェクトから構成されシングルトンのインスタンスが変更される、オブジェクト指向型のコード構成になるでしょう。

js

```
class Model {
  constructor() {
    this.count = 0;
  }
  increment() {
    this.count++;
    this.trigger();
  }
  trigger() {
    const event = new CustomEvent("count/increment", { count: this.count });
    window.dispatchEvent(event);
  }
}
// ここでは簡易的に View Controller をあわせて記述します
class ViewController {
  constructor() {
    this.model = new Model();
    this.$element = document.getElementById("app");
    this.$button = document.getElementById("button");
  }
  mount() {
    this.render();
    this.$button.addEventListener("click", (e) => this.onClick(e));
    window.addEventListener("count/increment", (e) => this.onMessage(e));
  }
  render() {
    this.$element.innerHTML = `<p>${this.model.count}</p>`;
  }
  onClick(event) {
```

```
    this.model.increment();
  }
  onMessage(event) {
    this.render();
  }
}
const view = new ViewController();
view.mount();
```

Modelでは実データとなる変数countと初期値が定義されているだけでなく、incrementメソッドによって変更された場合にtriggerメソッドを呼び出してアプリケーション全域にcount/incrementというメッセージを通知します。ブロードキャストというしくみの中ではメッセージの送信側の振る舞いになります。こういったイベント駆動、ブロードキャストを利用したアプローチは前述のGUIアプリケーションにおけるMVCのデザインパターンから存在しているアプローチです。デザインパターンに詳しい読者がいればオブザーバパターンと読み替えてもよいでしょう。

クライアントMVCを主幹に据えたフレームワークはいくつか存在しますが、ViewとControllerがほとんど同義となる場合も多く、ここでのView/Controllerは説明の都合上同じクラスに定義しています。Viewを担うrenderメソッドは適切な要素の子ノードを変更しており、onClick, onMessageのメソッドはControllerの部分を担うといっても良いでしょう。

Controllerはユーザー入力をプログラムが理解できる信号に変換することも担当します。上記のコードではユーザーのクリックイベントを$button要素が受けると、モデルのデータを変更するメソッドを呼び出しています。それだけではViewに反映することはできません。Modelが変更を受けて通知するメッセージcount/incrementを受け取るために待ち構えます。ブロードキャストにおける受信側の振る舞いになります。受信後Viewに反映させるメソッドがonMessageです。内部的にはrenderメソッドを呼び出しているだけに過ぎません。

フロントエンドで抽象化されるモデル、扱ううえでの課題とは

クライアントMVCにおいてModelとはGUIアプリケーションが持つ画面に表示・プロットするデータモデルであることが多く、特にSPAなどでは一意のエンドポイントから得られるデータソース（JSONオブジェクト）を指したり、それを加工しフロントエンド用

のオブジェクトに整形したりするのが一般的です。

さらにはクライアント・フロントエンド固有の実現をしなくてはならないデータモデルもそこに含まれます。たとえばタブUIを想像してください。インメモリにタブ表示状態を保持するような抽象化されたモデルがなければUIを実現することは難しいでしょう。サーバサイドフレームワークにおけるMVCと違ってDBのエンティティだけではなく、UIを表現・操作するための抽象化された固有のデータモデルもフロントエンドには必要になります。

これらのModelとViewは強く紐づきます。フロントエンドにはサーバ由来のデータモデルとUIの状態を管理するモデルがあることからもわかるように、ひとつのViewがひとつのModelを参照するというわけにはいきません。たとえば表示するタブによってAPIへのリクエストパラメータを変更しなくていはいけないケースではどうでしょう。UIにも紐付いたモデルとAPIから得られるデータモデルの紐づきも強くなるはずです。さらにフロントエンドには変更要望や機能追加が頻発するため、一画面ではすでに実装されたModelを参照しながら新しいModelも参照しなければならないといったようにViewとModelの関係はどんどん複雑化していきます。

ViewとModelが複雑に連結しあう

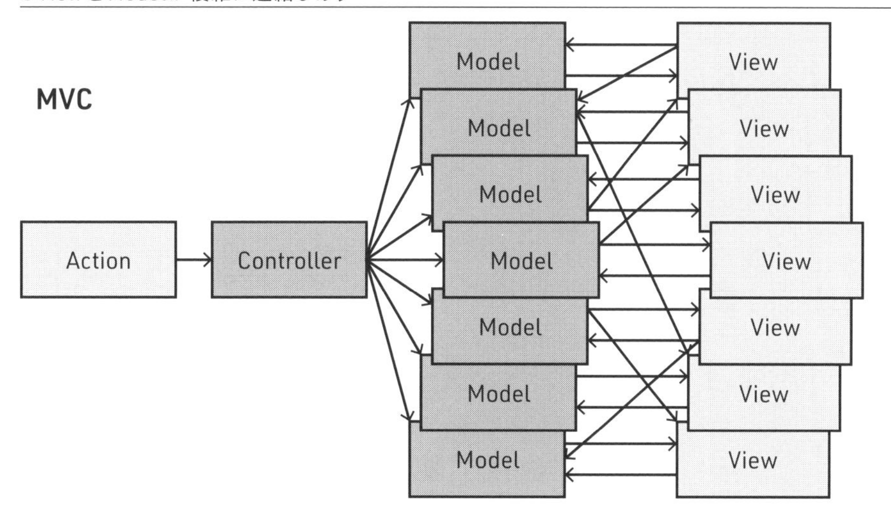

また、データモデル同士にリレーションが発生しているケースではもっと複雑になります。そういったケースでなぜサーバサイドの開発にまで手を延ばしてフロントエンドに適したJSONを受け取れるAPIを開発しないのでしょうか。それはフロントエンドに転

写されるModelと対を成すようなサーバサイドのDBエンティティやAPIエンドポイントの改修がアプリケーションの基幹的な役割を担うことが多いことも関係します。UIの改修のためにサーバサイドの開発を含めてしまうことはコストが高いため、課題解決がフロントエンドにシフトしがちであることも理由のひとつでしょう。

さらに例示したコードではView/Controller内部でボタンをクリックするイベントのハンドラで直接Modelの変更メソッドを呼び出していますが、ユーザー操作から直接Viewを変更することはしていません。実際にはデータの変更を受けたModelから変更通知メッセージを発信しViewで変更を待ち構える「いってこい」な双方向のデータフローになっています。これらはMVCにおいて各レイヤが単一責務を果たすための制約とも言えます。

以上の制約は単体のModelを扱うにはまだ耐えうるものの、複数Modelを扱うようになった場合やさらに複数がお互いに関心を寄せる構成になった場合、どこでどんな変更があったのか・なぜViewが影響を受けたのか認知の範囲を超える危険性をはらんでいます。規模が大きくなった際に抽象化されたデータがレイヤをまたいで双方向に行ったり来たりすることは懸念が増えていく要因のひとつなのです。

役割があいまいになるController

サーバサイドフレームワークにおけるControllerとは一意のリクエストから冪等な処理を行いレスポンスを戻り値として返す存在でした。フロントエンドにおけるクライアントMVCのControllerは、フレームワークによってはSPAにおけるクライアントルーティングをリクエストと捉えロケーションの変更をControllerと位置付ける場合もありますが、それだけにとらわれるわけにはいきません。

サーバサイドのControllerではリクエストパスやGETパラメータ、リクエストヘッダやポストデータなどのリクエストに付随するメタ情報を入力とし、それらを検証しながら適切なレスポンス（もしくはビュー）を返却することが責務です。一方でフロントエンドにおけるControllerにおいては、HTTPにおける一対のライフサイクルにとらわれずユーザー操作やユーザー入力値ほかOSやブラウザバージョン、ウィンドウサイズなどのユーザー環境を入力の1つとしてViewに出力しなくてはいけません。さらにフロントエンドにアプリケーション要素が多く滞在時間の長い画面においてはHTTPリクエストとレスポンスで完結せず、ユーザー操作を受けてさらに出力を繰り返す長いライフサイクルを持つことになるため、役割はサーバサイド以上のものにならざるを得ません。

そのため先に示したコードのようにController ≒ Viewのような存在・役割を持つことが多く、どうしても責務があいまいとなり、制御しづらくなったり複雑化してしまったりするのも課題の1つでしょう。

以上のことを踏まえ、クライアントMVCというアプローチをとったとして、いくつか課題が見えてきそうです。

- Modelにはサーバサイドのデータモデルを API を通して投射したモデル、フロントエンド固有のUIを抽象化したモデルが含まれ、Viewにおける関心がModelをまたいで複雑に絡み合っている
- ModelとViewの変更において双方を相互に認識しながらお互いを密に利用しているため、複数のModel/Viewをまたぐとたんに変更起点が不明瞭となり、データフローが制御しづらくなる
- ModelとViewは関連性が強いにもかかわらずアプリケーションの成長とともに変更が望まれやすく、可用性や変更容易性を求められやすい
- Controllerの担う責務が多く役割もあいまいであるため、管理や制御が困難になりやすい

こういった課題に対して現代のフロントエンドはどうアプローチしたのか。それに対するひとつの答えがFluxというパターンであり、より強固にしたものがReduxなのです。

Fluxというアプリケーションアーキテクチャパターン

Flux※1とはFacebookによって作られたフロントエンドに主軸を置くアプリケーションのアーキテクチャです。具現化した実装ではなく、アーキテクチャ・パターンであることはおさえておきましょう。Facebookが自分たちで作ったReactのようなUIコンポーネントとの構成において、単一方向のデータフローを採用した、MVCとはまったく考え方が異なるアーキテクチャになります。

※1 Flux - https://facebook.github.io/flux/

Fluxアーキテクチャパターン

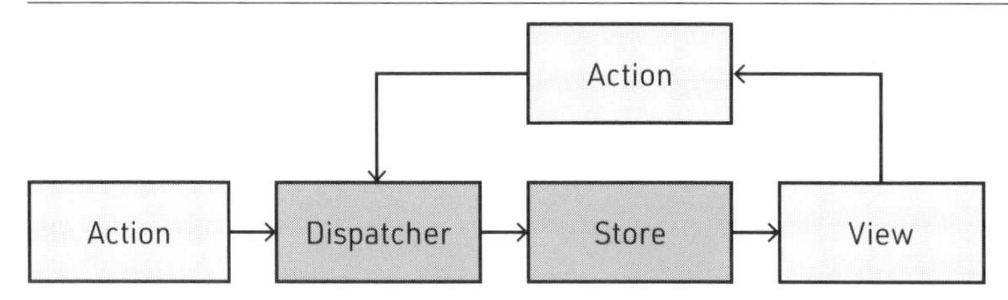

MVCにおけるデータフローがModel/View（もしくはController）のレイヤをまたいで双方向に流れていたのに対して、Fluxではデータフローを一方向として制約をもたせました。図が示すとおりデータの変更はDispatcherがActionを発行しStoreへ向けて送り出します。Storeでは発行されたActionに対応するコールバックが処理され状態やデータが更新されます。Storeのデータを監視するViewはデータの更新に呼応するようにデータがマップされたUIを更新します。

またViewにおけるユーザー操作も同様です。クリックイベントにより特定のActionが発行されDispatcherがStoreへと送り出し、また別のデータが更新されてViewに戻ってきます。Actionを起点にして**データが流れていく方向は常に一方向**でありMVCで見たような「いってこい」のキャッチボール状態ではなくなります。「一方向」というキーワードはFluxパターンを理解したり利用したりするうえで重要なメンタルモデルになります。各役割をまとめる下記のような表になるでしょう。

各レイヤ	役割
Action	Storeに存在するデータを更新するうえで必要な識別子。Actionが発行されると合わせて関連するデータも送出される
Dispatcher	データを伴って発行されたActionを捕捉しStoreに送り出すためのアクションハブ
Store	アプリケーションが扱うデータ・状態。Storeの変更はAction -> Dispatcherにおいてのみ変更される。基本的にはJavaScriptにおけるオブジェクト
View	UIそのもの。Storeの変更通知を受けるための接合点が必要となる。ViewからもActionは発行される

繰り返しになりますが、重要なのは一方向のデータフローである点です。「一方向」であることでMVCにおける課題であった、Model/Viewが複数存在したり複雑な制御の親子関係にあったりする際に発生しがちな「いってこい」の制御しづらいデータフローへの課題解決にはなりえそうです。

Redux：データの一極管理

Fluxはアーキテクチャパターンであるため多くの実装が存在します。もちろんFlux自身の実装もありますが、ここではデータを一極管理するという特徴を備え、ここ数年でエコシステムが充実してきたRedux※1を取り上げます。後半の実コードを見ながら理解を進めましょう。

Flux自身が実装するFluxパターンとの明確な違いは、Fluxが複数のStoreを許容するのに対してReduxはたった1つのStoreしか許容しません。ドキュメントでも**Single source of truth**といったように明示されており、複数のデータモデルや状態を扱うStoreこそがアプリケーションが唯一依存すべきツリー状のオブジェクトとなります。

Fluxにおける構成要素と大きく変わることはありませんが、DispatcherがStoreに大きく紐付いていること、Reducerという新しい登場人物がいることなどが違いとして挙げられるでしょう。

Reduxのデータフロー

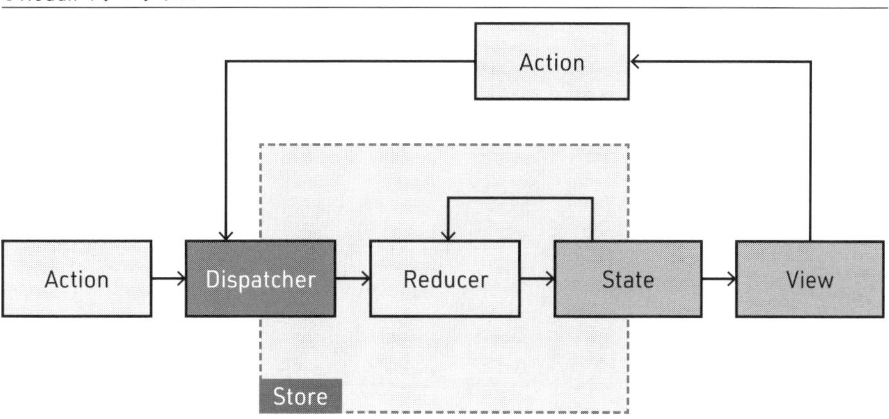

MVCで用いたコードサンプルをReduxに置き換えながら順に違いを解説していきます。

※1 Redux - A predictable state container for JavaScript apps. - https://redux.js.org/
Reduxのデータフロー解説、Redux. From twitter hype to production - http://slides.com/jenyaterpil/redux-from-twitter-hype-to-production#/27

js

```js
import { createStore, combineReducers } from "redux";

// ① Action
const COUNT_INCREMENT = "count/increment";

// ② Reducer
const count = (state = 0, action) => {
    switch (action.type) {
        case COUNT_INCREMENT:
            return state + 1;
        default:
            return state;
    }
};

// ③ Reducer を元に Store を作成
const store = createStore(combineReducers({ count }));
const $element = document.getElementById("app");
const $button = document.getElementById("button");

// ④ Store 由来のデータ、Dispatch
const render = () => {
    const { count } = store.getState();
    $element.innerHTML = `<p>${count}</p>`;
};
$button.addEventListener("click", e => {
    store.dispatch({ type: COUNT_INCREMENT })
});

render();

// ⑤ Store の変更を監視し render を実行
store.subscribe(render);
```

Storeにおけるデータや状態の変更は必ず① Actionの発行が必要である点はFluxパターンと変わりありません。具体性をもたせて解説すると、ReduxにおけるActionはJavaScriptオブジェクトになります。MVCのコードサンプルに登場したModelにおけるカウントアップを目的としたActionならば、`{ type: "count/increment" }`のようなオブジェクトになるでしょう。

実際にStoreの変更を受け持つのは②Reducerになります。発行されたActionと現State＝今のアプリケーションの状態を引数にした関数です。特定のActionが引数に与えられた際、今の状態を元にして新しい状態を作成し戻り値とします。このReducerにはReduxの重要な原理2つが存在するのです。

まず一点目は状態を読み取りのみとして、更新する場合は新しい状態を作成し送出している点です。イミュータブルと呼んだりもしますが、同じインスタンスを直接更新しないことでデバッグやテストを容易にします。またどこかで変更を加えることはアーキテクチャに単一方向でのデータフローという思想からも脱します。

二点目の原理はReducerが純粋な関数であることです。引数によって、前述の通り古いStateを更新するのではなく新しいStateを返却する、冪等な処理を行う関数です。Storeを1つのReducerで管理させるところからスタートしても、アプリケーションの成長とともに適切に切り出すことでスケーリングにも寄与できるでしょう。

③ではReducerからこのアプリケーションのStoreを作成しています。Reduxを採用したアプリケーションのほとんどはReducer 1つがState 1つとなる対の構成としているケースがほとんどです。そのためreduxは`combineReducers`といった複数のReducerを束ねるヘルパー関数を用意しています。

④ではStoreで作成された`count`の値を取り出しViewに適用しています。またハンドラ登録では、ボタンのクリックと同時にActionがStoreへ向けてDispatchされています。ユーザー操作やローディング完了、ウィンドウサイズ変更やネットワークのオフラインイベントなど、ブラウザにおけるさまざまなイベントでそれに準じたActionを発行することになるでしょう。

⑤ではStoreの変更監視を登録し変更の都度`render`関数が呼び出されることになります。

Reactと同時に語られることの多いFlux/Reduxですが、以上のようなコードを元にしたネイティブDOMでReduxを実現すればコード量もそれほど多くなく単純な構成であることが理解できます。

コードサンプルではViewと紐づく`render`関数がStoreの値を監視し反映するしく

みが用意されています。ViewがどのModelと紐づくかということよりアプリケーション全体における状態の一部を参照し、変更によって再実行されるという構成になります。またボタンクリック時の挙動もModelの直接的な変更ではありません。識別されるユニークなActionを発行しStoreに送り出しているだけです。Storeの変更は監視するrender関数の再呼び出しをすることで順次Viewに反映していきます。

ここでわかるのはMVCパターンのModel/Controllerというレイヤの責務・役割はFlux/ReduxにおいてはStoreに内包されている点です。Reduxは、GUIアプリケーションMVCパターンに存在したメッセージによるブロードキャストをより強固にしたイベント駆動のアーキテクチャであることがわかります。

Reduxが解決できること

ここまでの説明はクライアントMVCのパターンを卑下するものではありませんが、MVCパターンではなくFlux/Reduxパターンを選択することで解決できる課題は多そうです。

- Viewをまたがるモデルの変更検知という煩わしさはStoreという唯一の状態をViewにバインドすることで解決できる
- Storeの変更はActionからしか変更できないという制約により状態変更の見通しが立ちやすい
- Model/Viewの密結合を避けることが可能であるため可用性や変更容易性に優れている

そして何よりViewであるコンポーネントはStoreの値にのみ集中できる点から**疎結合で構成されるコンポーネント指向のライブラリと親和性が高い**こともRedux周辺のエコシステムを支えているといっても過言ではありません。

本書籍のPart 2における実践で具体的に取り上げることはありませんが、アプリケーションに規模が大きくなるにつれて採用する選択肢として検討するケースも多いはずです。

- 複数のUIコンポーネントをまたぐデータモデルや状態の共有が増えてきた
- リリース後に変更が多く発生するにもかかわらず開発コストが大きく感じる

上記のような課題が挙がってくるケースや新規開発でアプリケーションがどうスケールするかある程度予測可能なケースでは、このアーキテクチャ・パターンを思い出してみてもよいでしょう。

Section 3-6 Front-End

CSS：CSSメタ言語、設計手法、CSS-in-JS

これまでの解説でも触れたとおりNode.jsにより充実したエコシステムの中でフロントエンド開発は支えられています。ここまで触れてきた内容もJavaScriptを中心としたツールやライブラリ・フレームワークの内容に偏っていました。

ではCSSについてはどうでしょうか。広範囲におけるフロントエンド開発において、CSSはデザインされたUIを画面上へスタイリングするために必要となる技術、開発者にとって責務の1つであることは間違いありません。もちろん開発現場によってはフロントエンドエンジニアにCSSによるスタイリングが求められない場合もありますが、チーム開発における協業や開発チームのリソース配分などによってCSSにスキルが求められることも往々にして出てくることもあるでしょう。

ここではCSSを取り巻いている現状と、CSS自身が持っている弱点とそれらを補うための周辺ツールについて触れながら、これからもCSSとうまく付き合うために具体的な課題解決の方法・理由を解説していきます。

CSSを取り巻く現状

1章でも触れたようにCSSの策定状況はモジュール単位のアップデートとバージョン管理そして作業状況がW3Cによってまとめられており、1～2年単位でそのモジュールの使用状況をスナップショットとして文書化しているというのが仕様周りの状況になります。

ECMAScriptは漸進的な年次アップデートスケジュールを持っていること、仕様採択におけるステージ制が導入されていること、ブラウザベンダーによる試験実装から課題の吸い上げを行うこと、などをここまで紹介しています。こういったプロセスの恩恵により一般的な開発者から状況が見えやすいという特徴があります。

しかし現状CSSは仕様策定プロセスにおいて、ブラウザベンダーや開発者コミュニティとどう関わり合っているかがECMAScriptよりも情報を追いかけづらいのが現状です。ECMAScriptの場合はWebプログラミングにおける言語自身の大きな飛躍により開発者の増加やコミュニティの発達がもたらされ、ここ数年で情報が伝搬しやすくなったということもその理由の1つですが、CSSについては同じような経緯をたどっていません。W3CのCSS仕様策定におけるドキュメントにある「最新のCSSの状況を把握する(Finding the latest state of CSS)」というセクションにもあるとおり、「**CSSを扱うユーザーにとって状況は残念ながらあまり明確ではありません**」。※1

●W3C CSS Process：Levels, snapshots, modules...

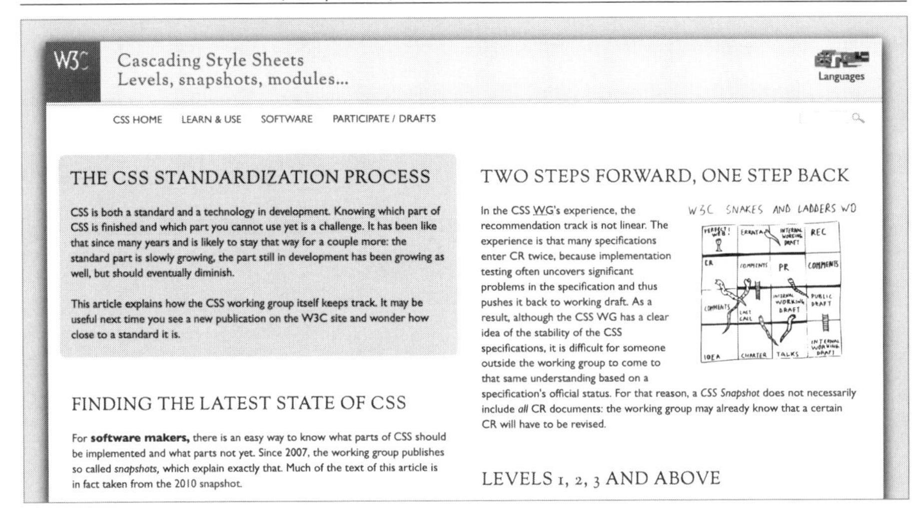

※1　W3CによるCSS仕様策定プロセスについて - https://www.w3.org/Style/2011/CSS-process

各ブラウザの対応状況について

そのためW3Cによって各モジュールとその作業状況がまとめられているものの※1、CSSを扱う開発者からすれば果たして今扱える技術なのか、具体的に言えばCSSの特定のスタイルプロパティがいますぐブラウザで利用可能なのかをW3Cのドキュメントから知ることは難しいという状況なのです。CSSの各モジュールの仕様詳細や作業状況も重要ではあるものの、われわれ一般的な開発者がCSSに取り組む場合、どういったものを参照すればよいのでしょうか。

開発の現場ではブラウザの対応状況を知るうえで、Can I use※2やMDN※3を参照することが多くあります。Can I useはブラウザバージョンによる対応状況を知るだけでなく、担当するサービスやプロダクトでGoogle Analyticsを導入しているならサイトに訪れるユーザーへの影響を鑑みながら利用可能な技術かを検討する材料にもなりえます。MDNではブラウザのどのバージョンから利用可能かというCan I useとも類似した情報を掲載していますが、両者は判断基準を2つに分断するものではありません。双方ともにデータセットの持ち方が違います。Can I useは全体として大きな機能(たとえばCSSグリッドの対応状況のみ)を扱う一方で、MDNは仕様や詳細なプロパティレベルを扱います。こういった違いがあるにせよ、両者は相互に参照し合いながら協業することをMDN/Mozillaがアナウンスしています。※4 よってCSSの対応状況を知るうえで2つの使い分けについては下記のことが言えそうです。

- 大きな機能(CSS Grid Layout Moduleなど機能レベル)の対応状況を知りたい場合はCan I useを参照する
- CSSプロパティレベル(`grid-column-gap`, `grid-template`など)の対応状況を知りたい場合はMDNを参照する

※1 CSS current work & how to participate - https://www.w3.org/Style/CSS/current-work

※2 Can I use... Support tables for HTML5, CSS3, etc - https://caniuse.com/

※3 MDN Web Docs - https://developer.mozilla.org/ja/

※4 Caniuse and MDN compatibility data collaboration - Mozilla Hacks - the Web developer blog - https://hacks.mozilla.org/2019/09/caniuse-and-mdn-compat-data-collaboration/

CanIUseとMDNにおけるブラウザ対応状況表

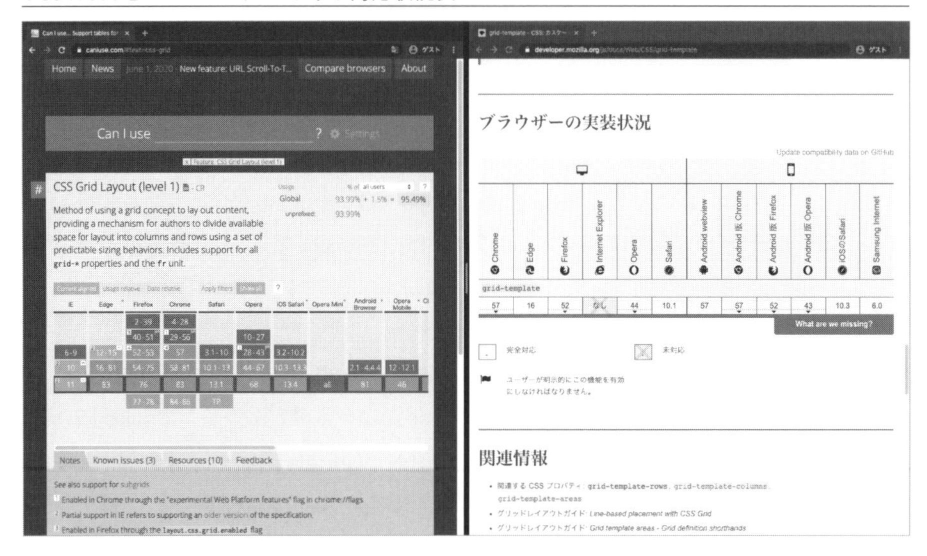

またこれらの対応状況を踏まえCan I useやMDNがまとめたデータベースはnpmにライブラリとして公開されており、開発を支える各種ツール群が参照しています。前述のBabelもその恩恵を受けているもののひとつです。これらの維持やメンテナンスは多くがOSSへのコントリビューターによって支えられていることも忘れてはなりません。いち開発者としてMDNやCan I useだけではなく、OSSに貢献していくことについてはPart 3で紹介します。

CSSの表現力を高めたSass、CSSメタ言語

CSSはいたってシンプルな構文で実現が可能です。

CSS

```
/* 要素自身へのスタイリング */
p {
  color: #ddd;
}
/* セレクタ自身へのスタイリング */
.selector {
  display: inline;
}
/* セレクタの下層における要素へのスタイリング */
.selector p {
```

```
  display: #f00;
}
```


このシンプルな構文によって画面のスタイリングが支えられているわけですが、開発の現場においては素のままCSSをファイルにベタ書きするという場面は少ないでしょう。CSSはシンプルであるがゆえに表現力が乏しく、課題があることも事実です。

素のCSSによって生まれる課題を解消するためにフロントエンド開発においては、CSSメタ言語またそれに付随するCSSプリプロセッサーというものを利用する場面があります。CSSメタ言語とは純粋なCSSには存在しない構文を実現し表現力が豊かにする言語であり、CSSプリプロセッサーはそれらの構文からCSSを生成するプログラムそのものを指しています。本節ではCSSメタ言語であるSCSSとそれらをコンパイルするCSSプリプロセッサーであるSass、JavaScriptによって構文を変換することを可能にしたPostCSSとその周辺ツールを紹介します。

Sassと書いた場合に構文をコンパイルする処理系を指すケースもありますが、ほとんどはCSSメタ言語であるSASS構文かSCSS構文を指すことが多いでしょう。コンパイルするためのRubyによる実装はEOLをむかえており、現状libSassと呼ばれているC++の実装もしくはdart-sassによる実装でコンパイルされることが多く、Node.jsで利用されることの多いnode-sassはlibSassを利用しています。

前述どおりSassには2つの構文があります。当初の処理系であったRubyとともに発展した経緯からインデント構文ベースのSASSと、CSSのスーパーセット（有効なCSS構文であれば有効なSCSS構文である）として好まれるSCSSです。機能面の違いはなく、インデントによる構文のみが違うことは下記を比較してもわかるでしょう。

scss

```
// SCSS
$button-height: 60px;
%button-module {
  display: inline-flex;
  position: relative;
}
.button {
  @extend
  height: $button-height;
```

```
  &:hover {
    cursor: pointer;
  }
  &:disabled {
    cursor: default;
    pointer-events: none;
  }
}

// SASS
$button-height: 60px
%button-module
  display: inline-flex
  position: relative
.button
  display: inline-flex
  position: relative
  height: $button-height
  &:hover
    cursor: pointer
  &:disabled
    cursor: default
    pointer-events: none
```

上記は.buttonセレクタへのスタイル記述例です。構文冒頭に出てくる$を接頭辞としたものは変数であり、%を接頭辞にしたスタイル記述は汎用性をもたせるモジュール用のスタイルになります。実際の .button セレクタ内には@extendと宣言されますが、これが先程の%接頭辞で記述したスタイルを継承するしくみです。またネスト構造に出現する&は親セレクタを利用しながら擬似クラスにスタイルを適用可能にする表現です。このようにSCSS/SASSはCSSよりも豊かな表現力を持つことがわかるでしょう。

上記の構文を手っ取り早くコンパイルしたい場合は下記のようなコマンドで実施可能です。

bash

```
$ npx sass test.scss test.css
```

JavaScriptで作成されたPostCSS

Ruby、C++、Dartなど処理系の言語として手の届きにくかったSassに対して、JavaScriptでCSSへの変換を可能にしたPostCSSという変換ツールもあるので簡単に紹介しましょう。

PostCSS本体はJavaScriptによって実装されており、構文をパースしAST（Abstract Syntax Tree＝抽象構文木）を操作するAPIを提供し最終的にCSSを出力するというツールになっています。このPostCSSにプラグインを追加することで、プリプロセスだけでなく最適化などを行うことが可能になります。Sassがプリプロセッサとして変数化やネスト構造への対応、スタイルルールの拡張などさまざまな機能をオールインワンで備えていた一方で、PostCSSのプラグイン群は変数化を可能にするプラグイン、ネスト構造を実現するプラグインなど単体で提供する機能はいたってシンプルです。前述でも紹介したモジュールバンドラーであるwebpackも含め、昨今のツールはプラガブル（pluggable）なものが多いので拡張性が高いとも言えます。

PostCSSは小さなプラグインによって拡張される変換ツールであるためSassのすべての機能を盛り込む、Sassから移行するというアプローチにおいてはあまり有効ではありません。有効であるとすればSass一部の機能、たとえばネスト構造実現や`@extend`によるスタイルの継承などを実現したいケースが挙げられます。つまり**Sass一部の機能だけを取り出し個別に組み合わせたいといったケース、CSSモジュールレベルがフィックスしブラウザ実装を完了したが対応していない下位ブラウザに対してフォールバックしながら変換したいケース、などに有効と言えます。**

PostCSSで下記のような要望をどのように実現していくかをいくつかのプラグインを取り上げ、都度変換しながらどう組み合わせていくかの具体例を見ていきましょう。（ここではPostCSS自身の利用方法は取り上げません。実際にプラグインを追加して変換する場合はPostCSSのドキュメントを読むと良いでしょう[※1]）

- ◆ Sassにおける`@extend`を利用してスタイルの継承を行いたい
- ◆ Sassにおけるネスト構造によって親セレクタの擬似クラスを記述したい
- ◆ 新しい仕様を後方互換性を持って下位ブラウザへフォールバックをしながら実装

※1 PostCSS - a tool for transforming CSS with JavaScript - https://postcss.org/

したい

これらの変換過程を説明するために、Sassの説明で利用したコードと類似したSCSS構文に近いPostCSS変換用のコードを用意しました。コード上の特徴としてはブラウザネイティブでサポートされるCSSカスタムプロパティを利用している点、Sassにおけるモジュール化を可能にした@extendを利用する点、ネスト構造を表現している点などを盛り込んだコードになります。

css

```
:root {
  --buttonHeight: 60px;
}
%button-module {
  display: inline-flex;
  position: relative;
}
.button {
  @extend %button-module;
  height: var(--buttonHeight);
  &:hover {
    cursor: pointer;
  }
  &:disabled {
    cursor: default;
    pointer-events: none;
  }
}
```

まずはSassで実現できた、@extendによる継承とネスト構造の実現を可能にするプラグインですが、postcss-extend-rule※1とpostcss-nested※2を追加してみましょう。こちらの機能自身はSassが提供するものを再現するのみですので具体的な説明はしませんが、これらの追加によりコードは下記のように変換されることになります。

※1 csstools/postcss-extend-rule: Use the @extend at-rule and functional selectors in CSS - https://github.com/csstools/postcss-extend-rule

※2 postcss/postcss-nested: PostCSS plugin to unwrap nested rules like how Sass does it. - https://github.com/postcss/postcss-nested

css

```
:root {
  --buttonHeight: 60px;
}
/* @extend によりセレクタに継承されたスタイル */
.button {
  display: inline-flex;
  position: relative
}
.button {
  height: var(--buttonHeight)
}
/* ネスト構造で表現された擬似クラスのスタイル */
.button:hover {
  cursor: pointer;
}
.button:disabled {
  cursor: default;
  pointer-events: none;
}
```

さて、次に新しい仕様を後方互換性を持って下位ブラウザへフォールバックするために利用するのはpostcss-preset-env※1というプラグインです。名前からもわかるとおり、前述のBabelで紹介したbabel/preset-envと名前が似ているのがわかるでしょう。Babelにおけるpreset-envがそうであったように、PostCSSにおいてこのプラグインは新しいCSS仕様を吸収し下位ブラウザにフォールバックを実現しながら後方互換性をもった状態でコードを変換する役割を担います。

まずCSSカスタムプロパティですが、ブラウザネイティブで変数や変数のプロパティ値への適用をサポートするようCascading Variables Module Level 1※2にてW3Cが仕様を勧告として承認しています。とはいえ、前段でも説明したとおり、ブラウザにより実装状況にばらつきはあるため、すべてのブラウザで利用可能ではないというのが現状です。この比較的新しい仕様を実現するためにこのプラグインを通すことで変換は下記のようになります。CSSカスタムプロパティが有効なブラウザのために記述をそのま

※1 csstools/postcss-preset-env: Convert modern CSS into something browsers understand - https://github.com/csstools/postcss-preset-env

※2 CSS Custom Properties for Cascading Variables Module Level 1 - https://www.w3.org/TR/css-variables-1/

ま残したうえで変数を具体的な値に置き換えています。こうすることでCSSカスタムプロパティを解釈できないブラウザはコードの前行`height: 60px;`を有効なプロパティと値のセットとして解釈します。

CSS
```css
:root {
  --buttonHeight: 60px;
}
.button {
  /* 一部略 */
  /* 変数から値への置き換え */
  height: 60px;
  height: var(--buttonHeight);
  /* 一部略 */
}
```

このプラグインは新しい仕様を後方互換性を持って変換させるだけではなく、前述でも触れてきたベンダープリフィックスの問題も解決します。具体的にはベンダープリフィックスを付けた状態で先行実装したブラウザバージョンへのフォールバックとして通常のスタイルプロパティに合わせて、ベンダープリフィックスをついたプロパティを追加する変換を担当するのです。プラグイン内部ではAutoprefixer※1といったライブラリを利用し変換しますが、ベンダープリフィックスをつけるかどうかの判断はCan I useのデータベースを利用しておりJavaScriptのエコシステムの恩恵を受けていることがわかります。さて、具体的に対応させたいブラウザ・OSバージョンの指定についてはBabelでも登場したBrowserslistのクエリを書くことになります。ここではAndroid 4以上のOSに対応させると仮定して、`{ browsers: "android >= 4" }`のような設定記述を使うことになるでしょう。最終的な変換後のソース全文は下記のようになります。ベンダープリフィックスのフォローが入ったうえで`inline-flex`が`display`プロパティに上書きされたのがわかります。

CSS
```css
:root {
  --buttonHeight: 60px;
}
```

※1　postcss/autoprefixer: Parse CSS and add vendor prefixes to rules by Can I use - https://github.com/postcss/autoprefixer

```
.button {
  /* ベンダープリフィックスが追加される */
  display: -webkit-inline-box;
  display: inline-flex;
  position: relative
}
.button {
  height: 60px;
  height: var(--buttonHeight)
}
.button:hover {
  cursor: pointer;
}
.button:disabled {
  cursor: default;
  pointer-events: none;
}
```


CSS設計手法

CSSの大きな特徴であり弱点となるのはスタイルがいつでも上書きできてしまうこと、カスケーディングと詳細度により意図しないスタイル崩れが起きるという点です。カスケーディングと詳細度を簡単に説明すると、スタイル記述において該当するスタイルが重複する場合、スタイル記述が指定されたセレクタの詳細度によって優先度を決めて一方のスタイルのみを適用するといった振る舞いになります。

html

```
<p><q>Voluptates repudiandae cum atque rerum iure commodi.</q></p>
<p class="text"><q>Voluptates repudiandae cum atque rerum iure commodi.</q></p>
```

css

```
q {
  color: #333;
}
.text q {
  color: #f00;
}
```

上記のような組み合わせのHTMLとCSSがあった場合、文書の1つ目の段落は文字色に灰色が適用されますが、2つ目の段落は文字色が赤色になります。要素qに対するスタイル記述がコンフリクトしており、セレクタそれぞれの種類や数によってスタイル適用の優先度が決まってくるのです。[※1]

⊙カスケーディングを示したコードをブラウザで表示

"Voluptates repudiandae cum atque rerum iure commodi."

"Voluptates repudiandae cum atque rerum iure commodi."

こういったカスケーディングやスタイルが後方から上書きできるという特性により、CSSを素で書いたりやみくもに書いたりすることでスタイルは補正しづらいものとなり、運用や保守に耐えることができなくなります。「CSSは壊れやすい」などと言われるのもその所以です。そういったカスケーディングによる影響範囲が見えづらいというCSSの課題に対してさまざまな設計手法が考えられてきました。その中のBEM/MindBEMdingといった手法とJavaScriptからのアプローチをここでは手短に紹介します。

BEMはコンポーネントという概念とセレクタの命名規則を組み合わせたCSSの設計手法になります。BEMという名前はBlock、Element、Modifierから成り立っており、独立した構成要素の粒度で一番大きなものをBlock（ブロック）とし、ブロックを構成する粒度の細かい構成要素一つ一つをElement（エレメント）としています。またElementを拡張・装飾するバリエーションをModifierと定義しています。

※1　詳細度CSS: カスケーディングスタイルシート | MDN - https://developer.mozilla.org/ja/docs/Web/CSS/Specificity

BEMによる構成要素の定義

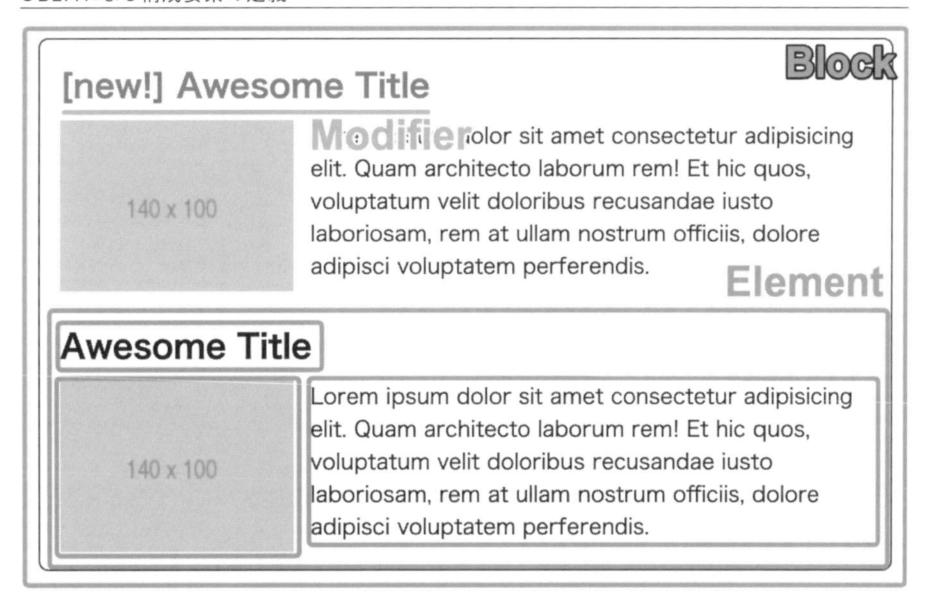

さらにカスケーディングによるCSSの崩壊を防ぐために厳格な制約を設けています。

- ◆ BlockもしくはElementはCSSのルール内でユニークな名前空間を持つ
- ◆ カスケーディングセレクタを避けてユニークなセレクタを使用する
- ◆ CSSセレクタ内には特定のHTML要素は出現しない

BEMにおいてはスタイルにはクラスセレクタを利用することがほとんどです。開発チームにおけるコーディングスタイルの方向性にもよりますがIDセレクタを利用しません。カスケーディングの影響を最小にするため、ユニークなシングルセレクタを要素のクラスに付与しスタイルを組み上げるのが一般的です。先に図示したコンポーネントをBEMでマークアップしたものが下記になります。

html

```
<ul class="product-list">
  <li class="product-list__item">
    <h3 class="product-list__heading--newitem">[new!] Awesome Title</h3>
    <div class="product-list__body">
      <img src="https://via.placeholder.com/140x100" alt="" class="product-list__ima
ge">
      <p class="product-list__text">Lorem ipsum dolor sit amet consectetur adipisici
```

```
ng elit. Quam architecto...</p>
    </div>
  </li>
  <li class="product-list__item">
    <h3 class="product-list__heading">Awesome Title</h3>
    <div class="product-list__body">
      <img src="https://via.placeholder.com/140x100" alt="" class="product-list__ima
ge">
      <p class="product-list__text">Lorem ipsum dolor sit amet consectetur adipisici
ng elit. Quam architecto...</p>
    </div>
  </li>
</ul>
```

文書構造上の要素にそれぞれセレクタが記述されていますが、これがBEMを特徴づけるセレクタです。このコンポーネントの大きなBlockをここでは`product-list`として、構成するそれぞれのElementをHTML要素ではないユニークなセレクタとして2つのアンダースコアに続けて`product-list__body`のように宣言しています。さらに`product-list__heading`を拡張するように`product-list__heading--newitem`といったようにElementからハイフン2つに続けてModifierが付与されています。

一方でCSSにはユニークなセレクタへのスタイル指定が並ぶことになるでしょう。前に示した画像のような画像と文字のレイアウトやリスト表示のスタイルを、上記のHTMLで実現するためには下記のような記述が必要になります。

CSS

```css
.product-list {
  padding: 6px 12px;
  list-style: none;
  border: 1px solid #333;
  border-radius: 6px;
}
.product-list__item {
  padding: 6px 0;
  border-bottom: 1px solid #aaa;
}
.product-list__item:last-child {
  border-bottom: none;
```

```
  padding-bottom: 0;
}
.product-list__heading {
  margin: 0 0 6px;
  font-size: 1.2rem;
}
.product-list__heading--newitem {
  margin: 0 0 6px;
  font-size: 1.2rem;
  color: #f00;
}
.product-list__body {
  display: inline-flex;
}
.product-list__image {
  margin-right: 10px;
}
.product-list__text {
  margin: 0;
  font-size: .8rem;
}
```


こうすることでHTMLが冗長という負担はあるものの、無記名の（つまりクラス名を持たない）HTML要素を廃しそれぞれの要素がユニークな名前空間を持つことでBlockでまとめたコンポーネントのスコープ管理を実現可能にします。ユニークな名前空間とユニークなセレクタによるスタイリング、これこそがCSSの弱点を補うために発明されたBEMの特徴でもあります。

また昨今ではJavaScriptフレームワークやライブラリとの組み合わせによってHTML/CSSというコンテキストではなく、JavaScriptのコンテキストでこの問題を解決する手法も存在します。

本章4節でも紹介したVueにおけるSFCやAngularがもつコンポーネントへのスタイル適用においては、そもそもフレームワーク側でCSSのスコープ管理を解決できる点を紹介しています。上記のような設計手法やそれに伴うコーディング規約がなくてもCSSの弱点を補えるという点は人間が介在しないため、意図せぬスタイル崩れはさらに起こりづらいと言えます。

さらにCSS-in－JSと言われるstyled-componentsなどのReact向けのライブラリについては、スコープ管理による弱点の補強だけではなく、PostCSSで紹介したベンダープリフィックスの追加や未使用スタイルの削除も備えています。Propsを受け取っての動的なスタイル変更を行うなどReactに特化した機能も持っています。詳しい解説についてはPart 2の実践で取り上げた際に触れていきましょう。

CSSを弱点を補うためには

ここではCSSを取り巻く現状とCSSを弱点を補うための技術を紹介しました。

- ◆ CSSの表現力を豊かにするためのSass、PostCSS
- ◆ CSSのカスケーディング・詳細度の影響による意図せぬスタイル崩れを生まないための設計手法

BEMのような設計手法が実現したのはカスケーディングと詳細度の影響を極小にするため、開発者やチームに対してコーディング規約・スタイルによって命名規則を強いたものでした。昨今取り上げられやすい、JavaScriptのアプローチは機械的に既知の問題を解決しています。**重要な点はいずれもCSSの弱点である、カスケーディングや詳細度によりスタイルが崩れやすいという点をコードの長期的な保守や運用という観点からどう解決したかが重要です。**まったく違った方向からのアプローチですが、解決しようとしている問題が同じであることは念頭においておきましょう。

CSSを取り巻く状況はJavaScriptと比較すると仕様策定が見えにくいというのは前述の通りです。モジュールレベルでのバージョン管理ではない、ECMAScriptが採用したような年次のバージョンを求める声、グローバルなCSS全体のバージョンを求める声が開発者コミュニティからも挙がっているのも事実です。しかしこれに対してW3Cはこれまでの仕様策定における歴史などから、なぜ全体のバージョン（レベル）を設けないかを解説しています。※1

こういった状況の中で紹介したpostcss-preset-envで利用できるオプションにstageという設定値があります。これは開発者コミュニティが用意している

※1　'CSS X' | W3C Blog - https://www.w3.org/blog/2020/03/css-x/

ECMAScriptの策定におけるステージ制と類似したものです。※1 ブラウザベンダーの実装状況などを鑑みて開発者コミュニティが用意しているものであり、W3Cの仕様策定と直接関係するものではありません。@applyルール※2 において、ブラウザベンダーが実装を先行したり開発者たちがPostCSSの変換を前提にみだりにコードで使用したりしたあとで、草案から発案者が仕様を放棄したケースがありました。そういった場合コードには仕様ではない負債が残るような状況を作ってしまうことになります。開発者たちの反省からこういったステージ制が生まれていると言ってよいでしょう。

今後どう仕様と歩みをともにしていくかを鑑みながら周辺ツールと付き合っていくかを念頭においておくことも、今後開発にあたって必要なことと言えます。

Section 3-7 Front-End

静的解析ツール：Prettier, ESLint

text

わたしが今から説明するのは静的解析ツールです。私が取り上げたツールを使うことでリントやフォーまっとが可能だ。これらを取り入れることが開発者が健全に開発できる環境を作ります。

上記の文章を読んで違和感を覚えたところがいくつかあるでしょう。

- 「わたし」「私」など一人称の漢字・ひらがなが統一されていない
- 「フォーまっと」が「フォーマット」の入力ミスである可能性がある
- 文末の言い切りが「です。」「だ。」など統一されていない
- 最後の文で主語に対する助詞「が」が2回使用されている

正しく修正するとしたら下記のように修正することになります。

※1 cssdb/STAGES.md at master • csstools/cssdb - https://github.com/csstools/cssdb/blob/master/STAGES.md

※2 CSS@apply Rule - https://tabatkins.github.io/specs/css-apply-rule/

diff

わたしが今から説明するのは静的解析ツールです。わたしが取り上げたツールを使うことでリントやフォーマットが可能になります。これらを取り入れることで開発者が健全に開発できる環境を作ります。

こういった違和感や誤りというものはソースコード上にも存在します。実行時にエラーを起こしバグを生む記述というケースもあれば、コード上には存在しなくて良い無駄な記述というケースもあるでしょう。もしくは言語特性上のベストプラクティスを提案しフォローをすることもあるでしょう。静的解析ツールがどういったことを行うツールか想像しづらい場合は、そういった不整合をソースコード実行前に検出し問題を提案するツール、端的に説明すると「**実行せずにコードの欠陥を予測する**」ツールだと考えてください。特にチームで開発することを考えると、こういった違和感や個人差によって発生するコードスタイルの好みをもってコードを指摘するより、あらかじめルールやコーディング規約をチームに持つことで無駄な指摘を減らすだけではなく機械的な指摘も可能になります。

特にJavaScriptのコードはランタイムでのみエラーを検出するためにソースコード上の問題を事前に検出する必要があるのです。前述のTypeScriptはそもそも静的解析とコンパイルエラーによって問題を検出する特性を持っていますが、コンパイル不要な、ネイティブのJavaScriptは実行時に動的に型付けされるため、コードから静的解析を行い欠陥の芽を摘み取るツールが必要になってきます。ここでは静的解析のもっとも一般的な形式である、フォーマッタとリンターを下記の順で紹介します。

- 各種言語に対応したフォーマッタ：Prettier
- JavaScriptのリンター：ESLint
- そのほかのリンターやチェッカーについて

Prettier

Prettier[※1]は多言語をフォローするJavaScript製のフォーマッタです。導入に際しては設定項目を用意しNode.js、npmといったここまでに紹介したツールチェインに慣れた開発者であればすぐに利用が可能なツールです。

※1　Prettier • Opinionated Code Formatter - https://prettier.io/

tsx

```
type Props = {
  greeting: string
  message?: string
  name: string
}
const Component: React.FC<Props> = ({ greeting, message = "world", firstName, lastNa
me }) => {
    if(!greeting && !name) return null
    const onClick = () => alert(message)
    return <div onClick={onClick}>{greeting} {name}. Lorem Ipsum is simply dummy tex
t of the printing and typesetting industry. </div>;
}
```


たとえば上記のようなTypeScriptで書かれたReact向けのコードを用意しました。コード自体の理解が進まなくても今は大丈夫です。フォーマットが一致していない、可読性が低そうだ、といったような違和感を持っていただければ大丈夫です。ここで取り上げるべき違和感はいくつかあるでしょう。

1. Propsで記述された型定義のインデントとComponentで記述されたインデントの数が違う
2. Componentの引数オブジェクトの最後のプロパティlastNameにカンマがない(末尾カンマ)
3. 変数宣言や戻り値の文末ほかセミコロンのあり・なしにばらつきがある
4. Componentの引数、戻り値において1行に収まるコード量が多すぎる

1、3については統一したほうがコードを保守し続ける上では有効に思えます。チーム開発においてもフォーマットの統一は同意を得やすくルール化しやすいので、もし整備されていない場合はすぐ導入検討してみてもよいでしょう。なおこういったフォーマットに関しては開発チームメンバーが使用するエディタによっても、Prettierではないものを選択するケースも出てくるはずです。多くのエディタが対応しているEditorConfig※1を利用してフォーマットするケースもあるでしょう。

2、4については個人のコーディングスタイルによるところが大きいはずです。こ

※1 EditorConfig - https://editorconfig.org/

ういった部分こそチームで合意が必要な部分です。ここで言えば、2は末尾カンマ（trailingComma）のルール、4は行幅に制限（printWidth）をもたせることが該当しそうです。行幅についてはEditorConfigでも指定できますが、JavaScript、TypeScript、React JSX、Vue.js SFCだけではなく、HTMLやCSS、YAMLやGraphQLのクエリなどさまざまな言語・記述をフォローしています。Prettierのこの強力な機能こそ、フロントエンド開発においてフォーマッタとして選択される所以です。ただしPrettier自身がいうように特徴的なルールは「Opinionated」＝意見・主張が強いため、フォーマッタに選択するかどうかは好みが分かれることもあります。**コードベースにおける規約やスタイルは、個人による選択ではなくチームで合意のうえ納得できたほうが開発を進めるにあたって健全です。**

いくつかルールを指定することで上記に示したコードは下記のようなフォーマットが可能になります。こういったフォーマットを使用するエディタやIDEに導入すれば機械的に指摘されるだけではなく、ソースコードに一貫性をもたらし可読性を高めチームにおけるメンテナンスコストを低く維持できます。そして何よりチーム内のルールを作ることで、機械的に検出し人間が指摘するコストをなくしたり、チーム内の個人間のコードスタイルによる衝突を防いだりすることにも非常に効果的なのです。

tsx

```
type Props = {
    greeting: string;
    message?: string;
    name: string;
};
const Component: React.FC<Props> = ({
    greeting,
    message = "world",
    firstName,
    lastName,
}) => {
    if (!greeting && !name) return null;
    const onClick = () => alert(message);
    return (
        <div onClick={onClick}>
            {greeting} {name}. Lorem Ipsum is simply dummy text of the printing
            and typesetting industry.{" "}
        </div>
    );
```

```
};
```

ESLint

ESLint[※1]はコードベースにおける細やかなルールをプラガブルに追加可能なリンターです。Prettierはコードスタイルのフォーマットを担当するツールでしたが「リント」とはなんでしょうか。JavaScriptの特徴としてコンパイルせずにランタイムで実行可能な言語であることは前述のとおりです。コードを書いてしまえばブラウザ・ほかのプラットフォームで実行可能であるという大前提において、潜在的なエラーを未然に検知し警告することをここでは「リント」と指すことにしましょう。コード実行前にバグとなりうるような不穏な芽を摘み取っておくことがESLintの果たす目的のひとつです。

ESLintは本体自身がすでに100以上のルールを持っています。それらの個別のルールが何であるか、なぜ設定するかについて知ることは重要ですが、すべてのルールの解説をここでは行いません。まずはESLintが推奨するルールセット`eslint:recommended`と追加で設定可能な項目をいくつか補足しどのようなことが可能になるのか、ルールを追加することでどのようなバグの芽を摘み取ることができるのかを見ていくことにします。

html

```
<!DOCTYPE html>
<html>
  <body>
    <input type="number" placeholder="input value" />
    <script src="index.js"></script>
  </body>
</html>
```

js

```
// index.js
const $input = document.querySelector("input");
$input.addEventListener("change", handler);

render();
```

※1 ESLint - Pluggable JavaScript linter - https://eslint.org/

```
// value 初期値を 0 としてブラウザ画面に "入力値 + 1" を表示したい
function render(value = 0) {
  const $paragraph = document.createElement("p");
  // 値が初期値か 0 であった場合は加算値を表示しない
  if (value = 0) {
    $paragraph.innerText = "value はゼロです。";
  } else {
    $paragraph.innerText = Number(value) + 1;
  }
  document.body.appendChild($paragraph);
}

// input 入力イベントから値を取り
// 入力値が 100 の場合とその他の場合でメッセージを変えたい
function handler(e) {
  const { value } = e.target;
  switch (value) {
    // 値が 100 のケースでは特別なメッセージ
    case "100":
      alert("＼(^o^)／ 100");
    default:
      alert(`入力値は ${value} です`);
  }
  render(value);
}
```

サンプルコードを用意しました。ソースコードの意図としては下記のようなことを期待するものとします。

1. 初期画面では"valueはゼロです。"という表示を期待する
2. 画面の数値入力フィールドを変更すると「入力値+1」の結果を画面に足し込む
3. 入力値が「100」の場合は"＼(^o^)／100"というメッセージを表示し、それ以外では"入力値は${value}です"というメッセージを表示する

ブラウザで実行するとすぐわかりますが、残念ながらこのコードは2、3を実現できません。2においてはinputがいかなる入力を受け付けても"1"を画面に足し込むことしかしないでしょう。さらに3においては、入力値が「100」の場合、"＼(^o^)／ 100"とメッセージしたあとに"入力値は100です"とメッセージを表示してしまいます。実はこれらのバグの芽はESLintの推奨するルールでほとんど検出可能です。どういったルール

が、どういった匂いを嗅ぎ取ってバグを検出できたのか、ここでのバグの芽の順にルールを2つほど解説しながら説明しましょう。

まずは入力値によって画面の更新が"1"を足し込むだけになっていた箇所です。これはコード中の`if (value = 0)`が悪さをしています。ifにおける条件に比較演算子("=="、"==="など)を利用した式を記述するつもりが`value = 0`といった代入式をタイプしてしており、このコードはどんな入力を受けても同じ結果を画面に足し続けるということになります。想定されるシーンとしてはミスタイプですが、ESLint推奨ルールとなっているno-cond-assign[※1]といったルールで実行前にこのバグの芽は摘み取ることが可能です。

エディタでno-cond-assignルールが指摘される

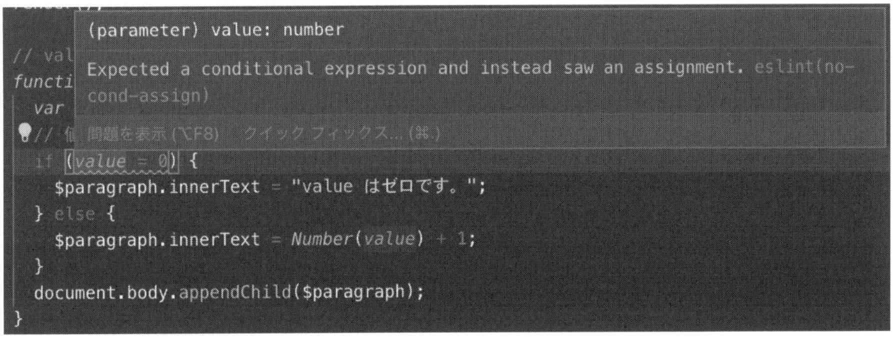

```
(parameter) value: number

Expected a conditional expression and instead saw an assignment. eslint(no-cond-assign)

問題を表示 (⌥F8)  クイック フィックス... (⌘.)

// val
functi
  var
  // 値
  if (value = 0) {
    $paragraph.innerText = "value はゼロです。";
  } else {
    $paragraph.innerText = Number(value) + 1;
  }
  document.body.appendChild($paragraph);
}
```

次に入力値が"100"だったときのみ`alert`のメッセージを変えたかった挙動です。今のままでは"100"だった場合に2種類のメッセージを表示してしまいます。これは"100"を入力値として受け取った場合のケース`case: "100"`のブロックを実行後もループを抜けずに`default`ケース内も実行するためです(フォールスルーと言います)。このバグの未然検知はESLintで推奨となっているno-fallthrough[※2]といったルールによって警告が可能です。

※1 no-cond-assign - Rules - ESLint - Pluggable JavaScript linter - https://eslint.org/docs/rules/no-cond-assign

※2 no-fallthrough - Rules - ESLint - Pluggable JavaScript linter - https://eslint.org/docs/rules/no-fallthrough

◎エディタでno-fallthroughルールが指摘される

```
Expected a 'break' statement before 'default'. eslint(no-fallthrough)
問題を表示 (⌥F8)  クイック フィックス... (⌘.)
    default:
      alert(`入力値は ${value} です`);
  }
  render(value);
}
```

ルールを2つ紹介しましたが、もっと強固にルールを強いることも可能です。たとえば比較演算子において、プリミティブなデータ型まで厳密な比較を毎回行いたい場合（`value == 0`ではなく`value === 0`を強制したい場合）、eqeqeq※1といったルールを追加するのよいでしょう。変数の再代入を行わず変数宣言に`const`を利用したいケースでは、prefer-const※2が有効といえます。

またESLintは前述したとおりプラグインの追加により機能の強化が可能です。TypeScript向けのルールを追加したい場合はtypescript-eslint※3が提供するパーサやプラグインの追加を、React JSXにおけるルールの追加はeslint-plugin-react※4の追加により可能になります。

リンターはコード上の不穏な部分を未然に検知することで実行前に警告が可能になるだけではなく、チームのルールを投射することも可能です。チーム開発を継続する中でレビューを繰り返し、複数名でコードを組み上げる作業において、暗黙的なルールがいつしか形成されることもあります。**ESLintによってコードベース上で厳密にしたい箇所、緩やかでよい箇所などのルールが設定可能になると、口頭伝承やレビューでの人間による指摘が不要になるだけではなく、不要なコードスタイルの衝突を避けることができる**点はPrettierと同じく特徴として挙げられます。**いずれのルールもチームとコードの成長に合わせて追加するなどすることが重要です。**

※1 eqeqeq - Rules - ESLint - Pluggable JavaScript linter https://eslint.org/docs/rules/eqeqeq

※2 prefer-const - Rules - ESLint - Pluggable JavaScript linter - https://eslint.org/docs/rules/prefer-const

※3 typescript-eslint/typescript-eslint: Monorepo for all the tooling which enables ESLint to support TypeScript - https://github.com/typescript-eslint/typescript-eslint

※4 yannickcr/eslint-plugin-react: React specific linting rules for ESLint https://github.com/yannickcr/eslint-plugin-react

ほかのリンターやチェッカーについて

JavaScriptに特化したリンターのほかにもリンターは存在します。

たとえばHTMLに対するリンターやチェッカーはいくつかありますが手元ですぐ実行できるものとしては下記のようなものを実行してみるとよいでしょう。

bash

```
$ npx htmlhint https://example.com
```

上記のツールによりid属性が重複していないか、タグペアが欠如していないか、などHTMLとして規格の準拠にだけではなく、style属性によるスタイリングを許可しないなど、規格とは別のルールもチェック可能です。厳密に言えばリンターというよりはバリデータということになりますが、W3Cが提供するHTMLの規格に準拠しているかチェックするバリデータも存在します。※1

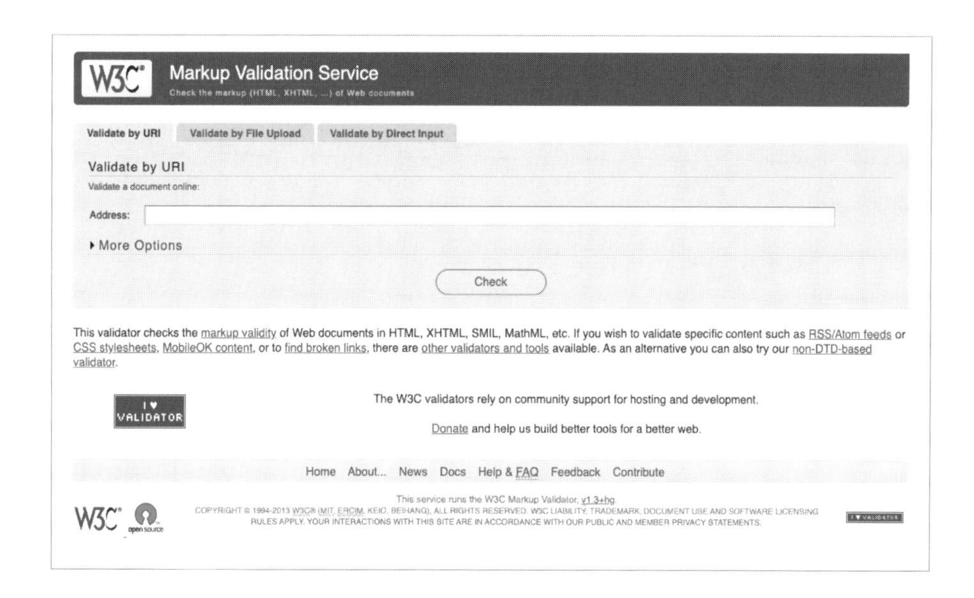

※1 The W3C Markup Validation Service - https://validator.w3.org/

またCSSにおけるリントが可能なstylelint※1といったJavaScript製のリンターも存在しており、プロパティの順序や記述における細やかなルールが指定可能です。前節で紹介したBEMなどの設計手法ほか、チーム開発において運用を助けるような手法・技術を用いたとしても、CSSの記述の自由度が高いと、アプリケーションの規模が大きくなるにつれて、コードベースの健全な維持が難しい場面はいつか訪れます。

堅牢な設計手法をとったとしても、それが人間の目と手による運用である場合、それは脆いといってもよいでしょう。人間がスルーしてしまえばコードに不純なものや設計意図に反するものが紛れ込みます。BEMにおける設計手法によらず、カスケーディング・詳細度による意図しないスタイルの上書きを防ぐために、stylelintのselector-max-specificityといったルールで詳細度を制御するのも手です。詳細度をどう指定するかについてはCSS Selectors Level 3にある詳細度の計算※2や、実際の計算でどういった値を記述するかを計算できるアプリがあるので試してみるとよいでしょう。※3

静的解析ツールが可能にすること

ここで紹介した静的解析ツールによって、構文のフォーマットがルール化でき、バグの未然検知に役立つような記述ルールやコードスタイルのルール化が可能になります。そしてこれらのルールはツール自体が推奨するルールセットや参考になるようなルールセットがすでに存在しており、コードやチームの成長に合わせて拡張可能である点も説明しました。繰り返しになりますが、ツールによって記述にルールを持ち込むことは以下のことを可能にします。

- 人間による指摘以前に機械的にコードスタイルやチームのコーディングスタイルを指摘可能になる
- コードスタイルの衝突はいつでも起こるもの、事前にチームで取り決めておくことで不要な議論を避けられる
- 静的解析によってスクリプト実行前にバグの芽を摘み取ることが可能になる

コードベースにおけるルールについてはチーム内で合意が取れていれば議論にばか

※1 stylelint/stylelint: A mighty, modern style linter - https://github.com/stylelint/stylelint

※2 Selectors Level 3 Calculating a selector's specificity - https://www.w3.org/TR/selectors-3/#specificity

※3 Specificity Calculator - https://specificity.keegan.st/

り時間をかけるわけにはいきません。**注力すべきはコードスタイルではなくプロダクトやアプリケーションが正常に動くかどうかのはずです。そういった本質的な作業に集中するため、解析ツールが存在しており活用できるということを覚えておきましょう。**

Section 3-8 Front-End

ユニットテスト：Mocha, Jest, Karma

開発におけるテストというものにはいくつか種類があります。ユニットテスト、結合テスト、受け入れテストなどが挙げられます。所属することになる組織やチームで名称が多少違うことはありますが、開発者に近いユニットテスト・結合テスト、ユーザーに近い受け入れテストはほとんどの場合存在するでしょう。フロントエンドと直接的に関係することは少ないですが、性能や高負荷の耐久性を試験するテストも存在します。プロジェクトやサービスだけではなく組織の規模などによっても、どういったテストをどのフェーズで担保するのかというのはさまざまです。

テスト種類	説明	テストを担当する部門やメンバー
ユニットテスト	プログラムの正常性をモジュール単位で実施する。多くは言語に合わせてプログラマブルなツールやテストフレームワークが利用される	開発者
結合テスト	モジュール同士を結合し動作させユースケースからテスト項目を作成し実施、正常動作を担保する	開発者・テストエンジニア
受け入れテスト	Web フロントエンドの GUI から操作におけるテスト項目を作成し実施、正常動作を担保する	QA・テストエンジニア・テスター

フロントエンド開発者はテスターやテストエンジニアもしくはQA（品質保証）部門のメンバーとコミュニケーションをとる場面も多いでしょう。また、顧客向けの窓口をかまえるような、カスタマーサポート・カスタマーサクセスの部門とプロダクトやサービスの品質向上に向けたコミュニケーションをとる可能性もあります。実際の開発の現場においてユーザーが触れる面に関わることの多いフロントエンド開発はさまざまなテストのフェーズに立ち会うことが多いでしょう。テストフェーズに限らずどういった人たちと関わりを持ちながら開発していくか・チームでどのように開発していくかについては次章

やPart 3でも後述します。

テストにまつわるコミュニケーションの中からテスト手法の選択候補としてGUI操作の自動化を目的としてCypress[※1]などを利用したE2Eテストが候補として挙がることもあるでしょう。OS・ブラウザ間の差異チェックまで自動化を考慮しBrowserStack[※2]やSauceLabs[※3]など自動テスト向けのプラットフォームサービスを利用するかもしれません。上記のようなテストに関する技術要素や知識を広げることも有用ではありますが、この節ではユニットテストにフォーカスしましょう。**フロントエンド開発においてなぜユニットテストを実施するのか、ツールによってどういったことが実現可能になるか、ユニットテストとテストフレームワークで解決できることは何かを解説していきます。**

ユニットテストとフロントエンド開発

ユニットテストは品質の担保という側面より、開発者が心理的負担のない状態で安全に開発するために存在しているものだと筆者は考えています。安全に変更できたので品質がついてきたというおまけ程度の認識です。各節でも繰り返しているとおり、**フロントエンドのソースコードはリリース後に一番手を入れられ変化し続けるコードです。**変更のたびに影響範囲を考慮しながら恐る恐るコードに触れるということは効率がよくなさそうですし、何より心理的な不安が多く、あまり健全ではないように思えます。

しかし、ジョインすることになるフロントエンドチームのコードベースにユニットテストが必ず存在しているとは限りませんし、チームがフロントエンドにテストコードを配置できていないことに課題を持っているかもわかりません。フロントエンド開発においてユニットテストを書くことの難しさもそうさせている理由でしょう。なぜフロントエンド開発でユニットテストを書くことが難しいのか、それはいくつか考えられそうです。

1. フロントエンドのユニットテストやテストフレームワークについてチームやメンバーが詳しくない

※1 JavaScript End to End Testing Framework | cypress.io - https://www.cypress.io/

※2 Most Reliable App & Cross Browser Testing Platform | BrowserStack - https://www.browserstack.com/

※3 Cross Browser Testing, Selenium Testing, Mobile Testing | Sauce Labs - https://saucelabs.com/

2. 状態管理で見たようにフロントエンドはブラウザ固有の副作用が多く、テストしづらそう
3. 現状のコードが手続きをベタ書きした具象的なコードであるためテスト可能な状態ではない

1は知ることや使い方を学ぶことで解決できる問題でしょう。どういったテストフレームワークが存在し、どう扱うかは後述します。2についてもある程度はテストフレームワークやライブラリで補うことが可能でしょう。ブラウザ由来のWeb APIを補完したり、ブラウザベースのエンジンで実行することを可能にするテストランナーも存在します。これらについても後述します。

3については非常に難しい問題です。まずはコードベースをテスト可能な状態にする必要があります。「抽象化しモジュール化する」「テスタブルな構造へ変更する」ことでコードベースをテスト可能な状態にできますが、この場合は**容易に改修可能にしておくためにリファクタリングをしながら、動作の正常性を確認する目的でユニットテスト・テストコードを設置していく**ことになります。

リファクタリングからユニットテスト設置までの現実的なアプローチはPart 2に譲るとして、1、2を少しずつ解消するために実際のテストフレームワークやツールを見ていきましょう。

Mocha Jest Karma それぞれどういった特性があるのか

ここで取り上げる、Jest、Mocha、Karmaですが扱う範囲がそれぞれ違います。

項目	Mocha	Jest	Karma
テスト環境の提供	○	○	○
テストフレームワーク	○	○	×
アサーションの提供	×	○	×
スナップショットテスト	×	○	×
テストダブル	×	○	×
監視機能	○	○	○
カバレッジ計測	×	○	×

Mocha[※1]はテストフレームワークであり、アサーションライブラリは別途用意する必要があります。アサーションとはテストの合否を確認するためのメソッドを指すことが多く、アサーションライブラリはそういったAPIを備えたツールになります。Mochaの場合は特定のアサーションライブラリを用意しませんが、Chai[※2]などを組み合わせて利用されることの多い印象があります。MochaはNode.jsからも実行可能であるため、Node.jsがビルトインで用意しているAssert API[※3]をアサーションとして利用したテストサンプルを用意しました。これをコードとして保存し手元から実行することも可能です。下記がコードサンプルとコマンドです。

js

```js
const assert = require("assert");
const array = [1, 2, 3];

describe("Array#includes", () => {
    it("`array` に 1 が含まれていれば true を返却する", () => {
        assert.equal(array.includes(1), true);
    });
    it("`array` に 4 が含まれていなければ false を返却する", () => {
        assert.equal(array.includes(4), false);
    });
});
```

bash

```bash
$ npx mocha ./test.js
```

これはArrayオブジェクトが持つビルトインメソッドのテストであり、テストコードとしては意味がない点はご承知おきください。あくまでテストフレームワーク等の説明のために用意したものです。さてMochaのようなテストフレームワークは`describe`といったテストのグルーピングを行う関数や`it`といったテストケースのための関数を提供します。`assert`はNode.jsのアサーションAPIです。`equal`メソッドの第1引数に実際の結果を、第2引数にテストから得られる期待値を記述して実行します。同値とならない場合は`AssertionError`の例外を送出します。テストフレームワークは例外が捕捉され

※1 Mocha - the fun, simple, flexible JavaScript test framework - https://mochajs.org/

※2 Chai - https://www.chaijs.com/

※3 Assert | Node.js Documentation - https://nodejs.org/api/assert.html

なければ、テストが通ったものとし、出力結果を加工する役割を果たします。上記を実行すると画面には下記のような出力がされるはずです。

```
npx: 109個のパッケージを3.865秒でインストールしました。


  Array#includes
    ✓ `array` に 1 が含まれていれば true を返却する
    ✓ `array` に 4 が含まれていなければ false を返却する


  2 passing (3ms)
```

テストフレームワークはこういった形で出力結果にテストが通ったことを表示するしくみや関数を用意していると考えてよいでしょう。ではテストが通らない場合はどのようになるのでしょうか。先程のテストコードを失敗させてみましょう。

js

```js
// コード抜粋
it("`array` に 4 が含まれていなければ false を返却する", () => {
    // assert.equal(array.includes(4), false);
    assert.equal(array.includes(4), true);
});
```

上記のように2つめのテストケースの期待値をテストが通らない状態に変更して実行してみましょう。すると `assert.equal` は `AssertionError` といった例外を送出しMochaに伝えます。テストフレームワークは実行時にアサーションからの例外を受け付けるとテストケースを失敗と判断してプロセスを異常終了し出力で開発者に伝え、下記のような画面になります。画面を確認できたらテストが通らないままですので、今回の変更を破棄し戻してテストが通ることを確認しておきましょう。

```
npx: 109個のパッケージを3.783秒でインストールしました。

  Array#includes
    ✓ `array` に 1 が含まれていれば true を返却する
    1) `array` に 4 が含まれていなければ false を返却する


  1 passing (4ms)
  1 failing

  1) Array#includes
       `array` に 4 が含まれていなければ false を返却する：

      AssertionError [ERR_ASSERTION]: false == true
      + expected - actual

      -false
      +true

      at Context.<anonymous> (app.spec.js:19:12)
      at processImmediate (internal/timers.js:456:21)
```

さて、ここまでで注意したいのは実行環境をNode.jsとしている点です。つまりブラウザを実行環境としていないため、JavaScriptから操作可能なブラウザ固有のWeb API（document.cookie, localStorage, DOM APIなど）はテスト可能なのでしょうか。以下のようなテストを追加してみます。

js

```js
// 前半のコードを割愛
describe("Storage#getItem", () => {
    beforeEach(() => {
        localStorage.setItem("key1", "1");
    })
    afterEach(() => {
        localStorage.removeItem("key1");
    })
    it("localStorage にセットされたキー：`key1`の値を取り出すことができる", () => {
        assert.equal(localStorage.getItem("key1"), "1")
    });
});
```

今回はWeb Storage APIであるlocalStorageについてテストを追加しています。前回同様テスト自身に意味はありません。テストフレームワーク上の新しいAPIが出てきました。beforeEachはテストケースごとにテストの準備を整えるために必要な下準備を整えるための関数です。逆にafterEachはテストケースごとに前提を破棄したい際に利用します。今回はテストケースごとStorageにkey1といったキーで値"1"を保存し、テストケースが終わるたびに削除するという振る舞いをもたせることでテスト前後の副作用がないようにしています。テストケース自身はキー名と保持した値を同一にしたのでテストは通る想定です。これをNode.jsを実行環境としたMochaで実行するとどうなるでしょうか。

```
npx: 109個のパッケージを3.661秒でインストールしました。

  Array#includes
    ✓ `array` に 1 が含まれていれば true を返却する
    ✓ `array` に 4 が含まれていなければ false を返却する

  Storage#getItem
    1) "before each" hook for "localStorage にセットされたキー : `key1`の値を取り出すことができる"


  2 passing (4ms)
  1 failing

  1) Storage#getItem
       "before each" hook for "localStorage にセットされたキー : `key1`の値を取り出すことができる":
     ReferenceError: localStorage is not defined
      at Context.<anonymous> (app.spec.js:27:5)
      at processImmediate (internal/timers.js:456:21)
```

Storage#getItemのテストが失敗していると同時に、ReferenceError: localStorage is not definedというエラーメッセージが確認できます。これはNode.js環境下にlocalStorageが存在しないため起こるエラーです。ブラウザ環境でも実行できるWeb APIもテスト可能にするためにはどうすればよいでしょうか。

必ずしもブラウザ固有のWeb APIをフォローする目的で選択するわけではありませんが、Jest※1というテストフレームワークを取り上げましょう。テストコードはそのままでも大丈夫です。もう一度サンプルのテストコードをおさらいしましょう。

js

```js
const assert = require("assert");
const array = [1, 2, 3];

describe("Array#includes", () => {
    it("`array` に 1 が含まれていれば true を返却する", () => {
```

※1 Jest快適なJavaScriptのテスト - https://jestjs.io/ja/

```
        assert.equal(array.includes(1), true);
    });
    it("`array` に 4 が含まれていなければ false を返却する", () => {
        assert.equal(array.includes(4), false);
    });
});
describe("Storage#getItem", () => {
    beforeEach(() => {
        localStorage.setItem("key1", "1");
    })
    afterEach(() => {
        localStorage.removeItem("key1");
    })
    it("localStorage にセットされたキー：`key1`の値を取り出すことができる", () => {
        assert.equal(localStorage.getItem("key1"), "1");
    });
});
```

記述はこのままでも大丈夫、Jestが提供するAPIでdescribe、itがフォローされているからです。このままJestで実行してみます。下記のコマンドを実行することで以下のような結果を得ることができるでしょう。

bash

```
$ npx jest ./app.spec.js -c={}
```

```
npx: 505個のパッケージを11.842秒でインストールしました。
 PASS  ./app.spec.js
  Array#includes
    ✓ `array` に 1 が含まれていれば true を返却する (1 ms)
    ✓ `array` に 4 が含まれていなければ false を返却する
  Storage#getItem
    ✓ localStorage にセットされたキー：`key1`の値を取り出すことができる

Test Suites: 1 passed, 1 total
Tests:       3 passed, 3 total
Snapshots:   0 total
Time:        1.135 s
Ran all test suites matching /.\/app.spec.js/i.
```

実行環境はNode.jsですがブラウザ側のWeb APIをフォローできています。これは

Jestがjsdom※1を利用してWeb APIをフォローしブラウザでの実行をエミュレートしているからです。実行環境がNode.jsでもWebやブラウザに近しい振る舞いを提供することを可能にしているのです。Mochaにjsdomを組み込むことは可能ですが、設定なしに利用可能なJestを選択すればツールの組み換えに困ることはほとんどないでしょう。

またJestはアサーションのためのメソッドをデフォルトでいくつか備えています。ここまではNode.jsのAssert APIを利用しましたが、Jest由来のアサーションに置き換えてみましょう。

js

```
// Jest では下記のように置き換えが可能
assert.equal(array.includes(1), true); // from
expect(array.includes(1)).toBe(true); // to
```

Jestはexpectといったメソッドの引数に計算結果を与えて、チェインするメソッド（マッチャーと呼びます）の引数に期待値を与えたり、引数なしのマッチャーで期待値を表現したりするなどのアサーションが一般的です。

またJestではオブジェクトのモック（特定のオブジェクトの挙動を差し替える）やスパイ（処理プログラムを変えないままを実行を傍受する）などが可能です。ここではスパイを例に取り上げ、説明のためのテストコードを下記に示しますが、例によってあまりテストとしては意味のあるものでありません。

js

```
const array = [1, 2, 3];
let spy;
describe("Array#includes", () => {
    beforeEach(() => {
        // ① array オブジェクトが持つ includes を
        //    スパイオブジェクトとして作成し spy 変数へ代入
        spy = jest.spyOn(array, "includes");
    })
    afterEach(() => {
        // ② スパイオブジェクトをリセット
```

※1 jsdom/jsdom: A JavaScript implementation of various web standards, for use with Node.js - https://github.com/jsdom/jsdom

```
        spy.mockClear();
    })
    it("`array` に 1 が含まれていれば true を返却する", () => {
        assert.equal(array.includes(1), true);
        // ③ Array#includes を傍受し呼び出されたかをアサーション
        expect(spy).toBeCalled();
    });
});
```

順に見ていきましょう。①は下準備です。ここではJestがarrayに存在するメソッドincludesを監視・傍受するためのスパイオブジェクトを作成します。②は準備の破棄です、スパイオブジェクトをテストケースごとに一度リセットしています。③では実際にテストを実行しています。新しいマッチャーtoBeCalledが登場していますが、これは傍受しているメソッドが呼び出されたかどうかのアサーションです。実際には前段で利用しているので呼び出されており、このテストも通過することになります。spyに格納されたスパイオブジェクトには呼び出された際の引数や結果、呼び出し回数などの情報を格納しており、Jestのマッチャーによるアサーションが可能です。

さてJestがブラウザにおけるWeb APIなどをエミュレートできるとはいえ、実行環境はNode.jsのままです。エミュレートしているものを本物のブラウザで置き換えた場合に動くかどうかという点はここで完全に保証されるわけではありません。ユニットテストでブラウザを変えたい、ブラウザのJSエンジンで実行したいという需要のために、Karmaというテストランナーが存在するので少しだけ紹介しましょう。

Karma※1はフレームワークでも登場したAngularが提供しているコマンドラインツールでスキャフォルドされるテストコードにも組み込まれています。Angularの場合はKarma（テストランナー）+jasmine※2（テストフレームワーク）という構成になるのですが、ここではKarma自身がテストフレームワークではなく、ユニットテストのための実行環境を起動するためのランナーの役割しか果たさないという点が重要です。Karmaはテストフレームワークの変更や実行環境（ここでは起動するブラウザ）の変更が設定により柔軟になっています。実行するブラウザを変えてのテストにより、ブラウザ差異によるバグ検出などに役立つこともあるでしょう。

※1　Karma - Spectacular Test Runner for JavaScript - https://karma-runner.github.io/latest/index.html

※2　Jasmine Documentation - https://jasmine.github.io/

下記のコードはJestでも実行可能なコードです。テストコードはここまで登場したものを記述しており、新しいものは登場していません。このテストコードをAngular CLIでスキャフォルドしたコードに含まれるテストコードへ上書きし、Angular CLIでテストを実行してみましょう。

js

```js
const array = [1, 2, 3];

describe("Array#includes", () => {
    it("`array` に 1 が含まれていれば true を返却する", () => {
        expect(array.includes(1)).toBe(true);
    });
    it("`array` に 4 が含まれていなければ false を返却する", () => {
        expect(array.includes(4)).toBe(false);
    });
});

describe("Storage#getItem", () => {
    beforeEach(() => {
        localStorage.setItem("key1", "1");
    })
    afterEach(() => {
        localStorage.removeItem("key1");
    })
    it("localStorage にセットされたキー：`key1`の値を取り出すことができる", () => {
        expect(localStorage.getItem("key1")).toBe("1");
    });
});
```

下記画面のようにブラウザが起動しKarma上でjasmineがテストグループの各テストケースを問題なく実行できていることがわかります。jasmineがJestと同じようなマッチャーを持っていることで同じテストコードを実行できました。今回はブラウザ上で動いていますので、`array.includes`や`localStorage.getItem`はNode.js（並びにjsdom）由来のものではなく、ブラウザの実行するJSエンジン由来であることが大きな違いです。

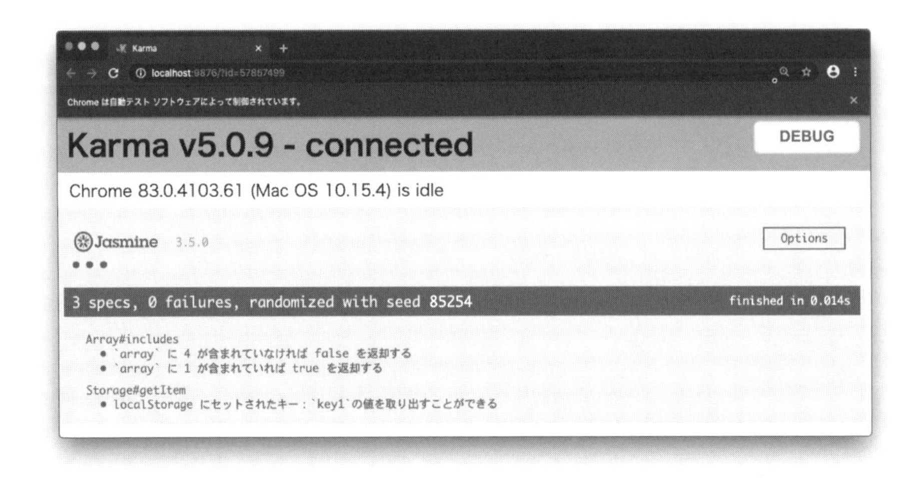

本書では小回りが利きやすくNode.jsのみで実行しやすいという観点からJestを選択しPart 2以降の解説を進めます。Jestはほかにも多くのマッチャーや機能を備えており、非常に役に立つオールインワンのテストフレームワークですので、実際の開発においてどういったユニットテストを組み上げていくか、どう実コードをリファクタリングしていくかは追って紹介します。

ユニットテストやテストフレームワークが解決できること

さて、ここまでフロントエンド開発において必要なユニットテスト周りのツールを紹介しました。テストフレームワーク、アサーションライブラリ、テストランナー、覚えるべきはそういった言葉や意味や使い方ではありません。繰り返しになりますが重要なことは**リリース後に変更可用性やスピードを求められるのはフロントエンドである**点です。**変更に耐えうるコードベースや環境を作るためにユニットテストのテストフレームワークが必要になってきます。**

変更が頻出するファイルやコードに安全性を持ち込むために導入するところから始めてみてもよいでしょう。最初からすべてを網羅することは難しいため、**必要な部分から必要なだけ始めて見るのもフロントエンドにおけるユニットテスト導入のための戦略のひとつです。**

Part 1 導入編
なぜ使うかを知る

Front-End

開発の現場における仕事の進め方

開発の現場ではここまで説明してきた技術要素だけでは進めることができません。開発基盤・足回りを作るための知識、ライブラリやフレームワークについての知識、そしてコードとして実現するための知識など専門的なスキルも必要になりますが、あなたが開発の現場に入っていく際にはチームのさまざまなメンバーと協業することも必要になります。

Part 1の最後になる本章では技術要素の観点から少し視点を変えて、開発そのものやチーム、そして協業することになるであろうメンバーについて触れていきます。その中でフロントエンドエンジニアがなぜコミュニケーションをほかのメンバーと密にとる必要があるのか、最終的にフロントエンド開発における重要な責務とはどういったものかを解説していきます。

Part 2に入ると開発の現場に近い、より実践的な内容となっていきます。以降の内容において技術的要素の単純なトレースや模倣で終わらないために、いつでも立ち戻ることのできる根幹としてとらえていただければ幸いです。

Section
4-1
Front-End

アジャイルといった考え方

開発スタイルの例として、ウォーターフォール型の開発スタイルとアジャイル型の開発スタイルを二項対立のように説明をするケースがあります。しかし、ここでは2つの違いを分類しながら、違いを比較することはしません。なぜなら、業界はもとよりビジネスのフィールドからも「アジャイル型組織」「全社アジャイル導入」などキーワードが挙がるようになっている世相を考えると、早晩比較すること自体が意味を持たなくなると筆者は考えるためです。

もともとソフトウェア開発の先駆者・先人たちによって生まれた「アジャイルソフトウェア開発宣言」[※1]が、なぜ開発スタイルや開発組織といったフィールドではない場面にも持ち込まれるようになってきているのか。それはテクノロジーやライフスタイルが刻々と変容していく中で柔軟な適応を求められるようになってきているからでしょう。マニフェスト内における重要なエッセンスを広義に再解釈し、開発以外のプロセスや組織体に適用できるよう汎化したり最適化したりしている最中であると理解しています。

さて開発スタイルに話を戻します。なぜ「アジャイル」が重要視されるのか。これまで日本ではぐくまれたウォーターフォール型の開発スタイルではうまくいかなくなっている部分があるのか。ウォーターフォール型の開発においてボトルネックとなる部分は**変化していく外的環境に対して変更耐性がなくなること、段階的なスケジュールにより前工程の完了が工程の前提条件になっていること**などが往々にして挙げられます。

パッケージやソフトウェアを作りきりで販売するようなリリース工程にあったソフトウェア開発や、納期までに完成品のみを求められる開発において、ウォーターフォール型の開発は有効であるため採用されています。この際の開発は初回のリリースや納品が最終目的になることが多く、リリースされ運用や保守フェーズに入ると急に開発に対するリソースは少なくなる場合もあります。そうなると変化する社会情勢やマーケット、新しいユーザーニーズに合わせて変更することが難しくなってしまうのは自明でしょう。こういったスタイルが徐々に疑問視されると変更耐性に強い開発スタイルが求められるようになりました。

※1　アジャイルソフトウェア開発宣言 - https://agilemanifesto.org/iso/ja/manifesto.html

ここまでの技術要素内で述べてきたように、**ソースコードやアプリケーションを変更の耐えうる状態にすること、変更容易性を保った状態にすることが重要**です。ソースコードやアプリケーション、ソフトウェアだけではなく、開発スタイルや開発チーム、ひいてはシステム全体や組織自身を変更耐性のある状態に保っておく必要もあります。環境の変化やソフトウェアの成長に合わせてスピード感を持った開発が求められると、おのずと「アジャイル」に立ち戻るのです。外的環境が変化していく中で不確実性を摘み取りながら開発していくことが重要であることを裏付けるために、先人たちが掲げた宣言の裏側にある12の原則に立ち返ってもよいでしょう。※1

Section 4-2 Front-End

スクラムという開発手法

他と協調しソフトウェアを変更しながら提供し続けることに価値をおくために、アジャイル開発の手法には多くのフレームワークが存在します。ここではスクラムといった開発手法を取り上げましょう。スクラムを利用して開発を進めるチームは多く、導入されるチームでそれぞれカスタマイズされるものの基本的なイベント設計はほとんど変わりません。スプリントと呼ばれる1週間から1ヵ月の期間を特定のイベントを置きながら繰り返されるのが一般的です。特定のイベントは下記のようなものがあります。

イベント	いつやるか	なにをやるか
スプリント計画	スプリント開始時	スプリント中のゴールに向けて何が必要か全員で準備を行います
デイリースクラム	毎日決まった時間に15分程度	進捗やいま抱えている課題などを話します
スプリントレビュー	スプリントの終了時	スプリント中の成果をデモがあれば画面を見せながらレビューします
スプリントレトロスペクティブ（振り返り）	スプリントの終了時、もしくは開始時	開発プロセスや次の活動に向けた改善につなげるための振り返りを行います

※1　アジャイル宣言の背後にある原則 - https://agilemanifesto.org/iso/ja/principles.html

プロダクト、つまりアプリケーション・ソフトウェアの変更を容易にし、リリースサイクルを上げていけば、ユーザーへの価値提供スピードと検証を繰り返すことが可能になります。スクラムはプロダクトやチームがそういった開発スタイルの中で改善し前に進み続けるためのフレームワークであると考えましょう。日本でも多くの開発組織が導入し活用しているところも多い印象があります。

"ソースコードやアプリケーションを変更の耐えうる状態にすること、変更容易性を保った状態にすることは重要である"と何度も本書ではお伝えしていますが、それは開発するエンジニアの視点に偏ったものです。開発ゴールはソースコードやアプリケーションといったアウトプットではなく、それらの成果物によって得られる収益や利用するユーザーなどの数値目標が開発チーム全員の見るべき視点になるはずです。そして**ゴールに向かって進み続けるプロダクトにおいて、変更要求を受けやすいのがフロントエンド・クライアントサイドでもあるのです。つまり、ユーザーや利用者に価値を届けるために一番近いエンジニアリングのフィールドにいるのがフロントエンドエンジニアと言ってもよいでしょう。**

Part 1において触れてきた技術要素とそれによって解決できることは、上記のような開発スタイルに合わせて「スピード感のあるリリースサイクルに適用するため、ユーザー(もしくはチーム)に価値を提供する」ことが目的であるとも言えます。技術要素の具体的な固有名や使い方よりもプロダクト、アプリケーションやソフトウェアに寄与するため何を解決するかが重要です。

あらためてアジャイルソフトウェア開発宣言に立ち戻り、フロントエンド開発において再解釈してみましょう。

プロセスやツールよりも個人と対話を、
包括的なドキュメントよりも動くソフトウェアを、
契約交渉よりも顧客との協調を、
計画に従うことよりも変化への対応を、
価値とする。

これらを踏まえてわれわれフロントエンドエンジニアは下記のようなことを主目的として開発に取り組むことで、変容する組織体や情勢に適応していくことができそうです。

個人との対話と他者との協調を繰り返し
動くプロダクト=アプリケーションを速いサイクルで
変化に対応しながらユーザーに届ける

Section 4-3 Front-End

個人との対話と他者との協調

再解釈によって表現した「個人との対話と他者との協調」とは、どういったことを指すのでしょうか。スクラムで開発を行いスプリントを一緒に回していくとして、開発において関わり合うチームメンバーとの対話、協調こそがそれにあたるでしょう。開発チームにはエンジニアしかいないということはほとんどありません。プロダクトのゴールや責任を持つべき人たちやエンジニアリング以外で支える人たちもチームにはいるでしょう。では、どういったメンバーとどう関わるのか。具体的にどういった点で関わるのかを例示しながら職種のサンプルを用意しました。あらかじめお断りしますが、下記に挙げるような職種やロールが必ずチームにいるとは限りません。組織には組織の職務・職種が存在しそれぞれに発揮すべき役割があります。

プロダクトオーナー

- ◆ プロダクト、アプリケーションの価値を最大化する責務を負います
- ◆ あなたの相談に対してビジネスサイドの調整をすることもあれば、逆に施策の方向性をあなたに相談するかもしれません
- ◆ もしくはブラウザ上で実現可能かをあなたに相談するかもしれませんし、工数見積もりやクリアすべきハードルを相談するかもしれません
- ◆ プロダクトの方向性や指針はこの人が握っていることが多いでしょう

スクラムマスター

- スクラム開発においてチームやメンバーがうまく活躍できるよう円滑に物事を推進していく責務を負います
- あなたが自身の言葉でプロダクトオーナーにうまく伝えられない課題について、代理として噛み砕いた内容で伝えてくれるかもしれません
- あなたが開発フローでうまく回っていないところに頭を悩ませているとき、真っ先に相談できる相手かもしれません
- チームやプロセスが健全でいられるかの采配を握っているといってもよいでしょう

デザイナー

- ユーザビリティテストを中心としたUXを指向しつつデザインを担当するメンバーか、実装面のUI構築まで手を伸ばせるメンバーか、チームやひとによってさまざまな役割を担うこともあるメンバーです
- Webをプラットフォームにした GUI や UI について造詣が深かったり、ビジュアルデザインに対して大きな力を発揮できたりもします
- あなたに実装したいアニメーションについて相談することもあれば、デザインの意匠を汲み取れていないことをレビューで指摘する場面もあるでしょう
- ユーザーが触れる面をともに組み上げることになるひとたちこそデザイナーであり、ユーザーにどう価値を提供するかについて責務のあるメンバーです

サーバサイドエンジニア

- 人によってはバックエンドエンジニアとも呼ぶこともあるかもしれません
- フロントエンドにおいて必要なAPIを開発しているケースもあれば、サーバサイドフレームワークにおけるテンプレートエンジンであなたが作ったHTMLをコントローラとバインドしながらテンプレーティングしてくれるかもしれません
- 特にAPIスキーマベースで開発するようなシステムの場合はコミュニケーションを多くとることがあるでしょう
- 画面に必要なサーバサイド由来のデータをどうしてもAPI側から提供してほしいという要件があった場合、あなたからいろんな相談をするかもしれません
- 多くの開発チームにおいてフロントエンドエンジニアを多く抱えているケースは少なく、あなたがまずはじめに相談する相手となるかもしれません

テストエンジニア・テスター

- プロダクトの品質をつかさどるメンバーです。リリース前のテストケースの洗い出しやテスト項目やテスト仕様書の作成だけではなく実際のテストを行うでしょう
- 画面を操作するうえでどうあるべきかの期待値をあなたに質問してくるケースもあるでしょう
- モンキーテストによる意図せぬ操作でユニットテストや開発においては考慮できていなかったバグを検出してくれるかもしれません
- 品質を守り続ける彼らと安全にユーザーに価値を届けることが重要です

コミュニケーションハブとして

ここまで挙げてきたチームメンバーのサンプルの中にもあるように、フロントエンドエンジニアはさまざまな人とコミュニケーションを取るケースがあります。なぜここまでコミュニケーションを密にとる必要があるのでしょうか。

ユーザーがプロダクト・ソフトウェアを利用するにはブラウザが必要です。システムを抽象化して誰もが操作できるようにしたGUIこそがブラウザだからです。コミュニケーションが集約しやすい理由の1つとして、職種に限らず誰もが触れることが可能なブラウザを主戦場・主務としているエンジニアであり、操作や機能要望を一手に担うケースが多いからという点もあるでしょう。
繰り返し述べてきたようにシステム基幹に影響の少ない、変更が容易と思われるようなUIの変更要望はブラウザへすぐ反映できますし、繰り返し変更を求められるケースは多いでしょう。その変更により検証のイテレーションや価値提供が期待される場合であればなおさらです。

フロントエンドエンジニアは、画面デザインをブラウザで具現化するため実装することに責務を持ちます。サーバサイドから渡ったデータを使ってブラウザにGUIを組み上げることに責務を持ちます。そしてブラウザ上で正常にアプリケーションが動作することに責務を持ちます。これらを実現するためにはチームメンバーとの合意を経て、ブラウザという職種に依存しないフィールドの上で形にしていく必要があるのです。**偏った視点ではなくパブリックに情報を明確にしチームメンバーと相談しながら、開発を前に進めるコミュニケーションハブのような責務を持つ**こともあるでしょう。

Section 4-4 変化に対応しながら提供するサイクルを上げる

Front-End

Part 1で取り上げた技術要素とそれによって解決できることを振り返り、なぜ変化に対応しながら価値提供を行ううえで重要だったかを簡単におさらいしましょう。

①フロントエンドを取り囲む仕様は年次で仕様策定が進んだり仕様を追いかけたりするうえで見るべきものが多くプロセスはさまざまです。技術要素自身の変更に耐えうるよう開発の足場を、仕様を取り込みやすく頑丈にしておくこと、腐らないよう保つことはアプリケーション・コードベースが健全であるために重要です。

②コンポーネント指向のライブラリやフレームワークを選択することでUIコンポーネントを疎結合にできました。CSSの弱点をうまく補強するための設計手法やCSSのスコープ管理によって変更による影響範囲を少なくすることは、UI単位の変更耐性を強く持てるでしょう。

③ブラウザには副作用が多く、抽象化されない具体的なコードが増えていくと影響範囲の特定が難しいものです。イベント駆動の状態管理などを用いることでUIと裏側のデータモデルの紐付けを容易にし、UIの変更スピードの足かせとならないような工夫が可能になります。

④開発における些末な個人のコードスタイルはチームでルールを作ることで日々の議論の対象から外しましょう。リントツールでルールを作って機械的に解決してしまえば、開発チームが取り組むべき本質的な目的に集中できるでしょう。

⑤ユニットテストを導入することで変更による想定外のバグや障害を未然に検知することが可能になるでしょう。コード変更によって自動化されたユニットテストが失敗しあなたを助けるというシーンを経験すればきっとユニットテストを書いていてよかったと思えるはずです。

開発において最新のライブラリやフレームワークや技術要素を選択することは優先度の高い事項はありません。**動くプロダクト=アプリケーションを速いサイクルで変化に対応しながらユーザーへ届けるために、必要な解決策を持っていることが重要です。** Part 2以降では実践的な技術要素を解説しますが、「なぜそうするか」はこの原点に立ち戻って何度も振り返って思い出していただければ幸いです。

Part 2 実践編

どう使うかを学ぶ

Chapter 5

Front-End

開発環境

ここでは書籍のレビューサイトのリプレイス作業を題材にしてjQueryで実装されたコードを最終的にReactとTypeScriptで動作するようにリプレイス作業を進めていきます。Webフロントエンドの開発環境の構築からリリース後のサービス運用までを、コードを交えながら解説します。

＋下準備

まずサンプルアプリケーションがローカル環境で動くようにmacOSを例に、ツールのインストール作業を進めていきます。事前に用意されたソースコードのダウンロードと必要なツール群のインストール作業をし、起動したアプリケーションの画面がブラウザ上で閲覧できるようにするまでを解説します。

Section 5-1 Front-End

既存アプリケーションの開発環境構築

サンプルアプリケーションはバックエンドとフロントエンドで動作する環境が異なります。バックエンドはDockerコンテナ上で動作するように実装されているため事前にDockerのインストールが必要になります。フロントエンドはnpmに公開されているserve※1というパッケージを利用してサーバを起動することでブラウザ上から閲覧できる状態にします。

Dockerのインストール

サンプルアプリケーションのAPIサーバはDockerコンテナ上に構築されているのでまずはPCにDockerをインストールします※2。本書籍ではv19を利用していますが、もしAPIが動作しないなどの事象が発生した場合はバージョンが異なっていないかなどを確認してみてください。

APIはこれから解説するアプリケーションのために用意されたものですが本書籍で解説しているフロントエンドとは異なる領域であることや実装の中身まで知らずともサンプルアプリケーションの解説・進行には影響がないことから、具体的な実装の詳細などは割愛します。

※1　vercel/serve: Static file serving and directory listing - https://github.com/vercel/serve

※2　Get Started with Docker | Docker - https://www.docker.com/get-started

インストール後にDockerが動作しているかどうかを確認するためにターミナルからバージョンを表示するためのdocker --versionコマンドを実行します。

bash

```
$ docker --version
Docker version 19.03.1, build 74b1e89
```

dockerコマンドが存在しておりバージョン情報も表示されているのでインストール作業はこれで完了です。次はNode.jsをインストールします。

Node.jsのインストール

フロントエンドの開発環境を構築するためにNode.jsをインストールします※1。Node.jsはパッケージマネージャーであるYarnの実行環境、実装したコードをwebpackでコンパイル・ビルドするためなどに利用します。本書籍ではv12を利用するので実行環境を合わせておくことをお勧めします。

nodeコマンドが正常にインストールされているかを確認するためにnode --versionコマンドを実行します。Dockerインストール作業同様、バージョン情報が表示されればインストール完了です。最後にYarnをインストールします。

bash

```
$ node --version
v12.16.2
```

Yarnのインストール

サンプルアプリケーションで利用しているパッケージを管理するためにYarnをインストールします※2。パッケージのインストール・更新、不要になった場合の削除などすべてをYarnで行います。

※1 ダウンロード | Node.js - https://nodejs.org/ja/download

※2 Installation | Yarn - https://classic.yarnpkg.com/en/docs/install

Docker, Node.jsと同様にバージョン情報を表示するコマンドを実行してインストールが正常に完了していることを確認します。yarn versionでバージョン情報を表示してみましょう。

bash

```
$ yarn version
yarn version v1.22.4
info Current version: 1.0.0
```

これで事前のインストールは完了です。最後にAPIとクライアントをそれぞれ起動して画面が見られることを確認して下準備は終了です。

APIサーバの起動

APIサーバを起動するために、まずはdocker-compose buildを実行してDockerイメージの構築を行います。docker-composeコマンドはDockerをインストールする際、一緒にインストールされるもので複数のコンテナを定義・管理するために利用するツールです。実行時のログで最後にSuccessfully tagged shuwa-frontend-book-app_api:latestと表示されればビルド成功です。

bash

```
$ docker-compose build
Building api
Step 1/5 : FROM golang:1.14.0-alpine3.11
 ---> 51e47ee4db58
Step 2/5 : RUN apk update &&     apk add --no-cache tzdata &&     cp /usr/share/zone
info/Asia/Tokyo /etc/localtime &&     apk del tzdata

# 中略

Successfully built 2d78fd423fdd
Successfully tagged shuwa-frontend-book-app_api:latest
```

イメージの構築が完了したら、次にDockerコンテナの起動を行います。コンテナを起動するためにdocker-compose up -dを実行します。オプションなしで起動すると、フォアグラウンドで起動されますが今回はターミナルの操作をブロックする必要もログをウォッチする必要もないため-dオプションを付けてバックグラウンドで実行します。

bash

```
$ docker-compose up -d
Creating network "shuwa-frontend-book-app_default" with the default driver
Creating book-review-api ... done
```

上記のログのようにDockerコンテナが作成・起動すればAPIサーバの構築は完了となります。コンテナが起動したかどうかはdocker-compose psを実行してコンテナ名であるbook-review-apiが表示されているかどうかで確認します。

bash

```
$ docker-compose ps
     Name           Command       State          Ports
-------------------------------------------------------------------
book-review-api   go run main.go   Up      0.0.0.0:1323->1323/tcp
```

クライアントの起動

最後にクライアントの起動を行います。リプレイス前のコードではパッケージ管理はされておらず、ローカルサーバを起動するためのツールもないためnpxコマンドを用いてローカルにないパッケージを使って簡易的にサーバを起動させます。serveというnpmパッケージを利用してサーバを起動したいのでnpx serveを実行します。

bash

```
$ npx serve
npx serve
npx: 78個のパッケージを6.283秒でインストールしました。

   ┌────────────────────────────────────────────────────┐
   │                                                    │
   │   Serving!                                         │
   │                                                    │
   │   - Local:            http://localhost:5000        │
   │   - On Your Network:  http://192.168.100.101:5000  │
   │                                                    │
```

```
|    Copied local address to clipboard!                        |
|                                                              |
└──────────────────────────────────────────────────────────────┘
```

コンソール上に上記が表示されたらWebブラウザで`http://localhost:5000`を開き、サンプルアプリケーションが動いていることを確認します。

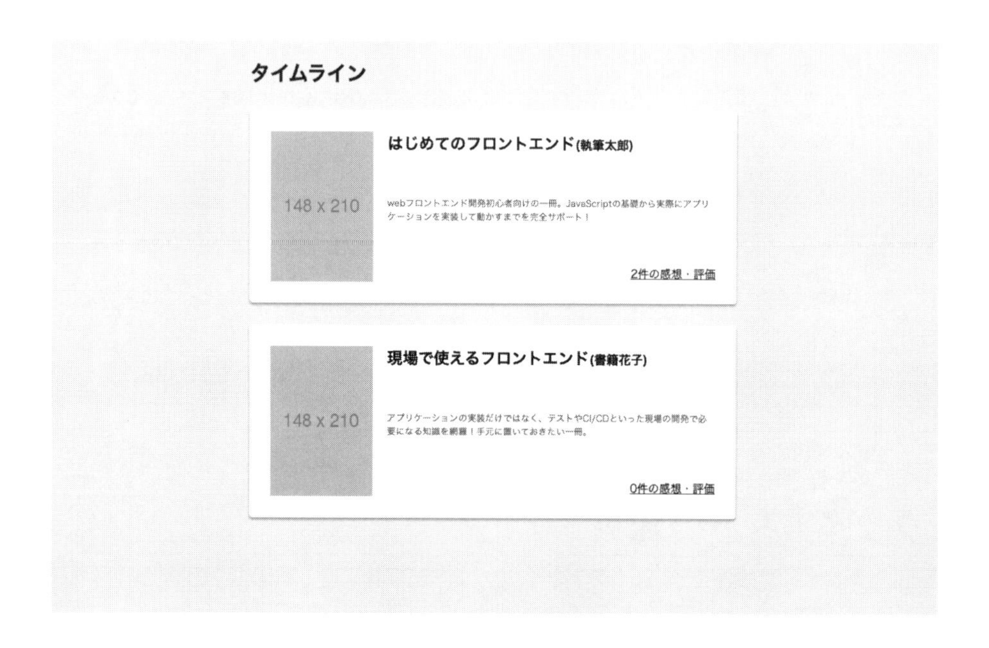

これでリプレイス前のアプリケーションの環境構築が完了しました。次の章では本題であるコードのリプレイスや開発効率を上げるために開発環境の改善を行っていきます。

Section
5-2
Front-End

既存機能の把握

前節でリプレイス前のアプリケーションがローカル環境で動くようになるところまで進めました。本節ではこのアプリケーションの機能を確認しながら、その機能が現状ではどのような実装になっているのかについても見ていきます。

どんなアプリケーションなのかを知る

まずはじめにデータ構造について見ていきます。このアプリケーションには書籍データとレビューデータが存在しており、サービスの根幹となる書籍データには以下の項目が含まれています。

- ◆タイトル
- ◆著者
- ◆カバー画像
- ◆書籍の概要

これらはすべて画面上に表示されており、すべてのユーザーが閲覧できます。さらに書籍データに対してレビューデータを複数紐付けることができます。レビューデータには以下の項目が含まれており、ユーザーがレビューを投稿するたびにレコードが増えていくしくみになっています。

- ◆ユーザー名
- ◆レビュー
- ◆レビューについたいいねの数

レビューも書籍同様にすべてのユーザーが閲覧可能です。投稿に関しても制限はなく、フォームからレビューを書き込み送信ボタンを押すと画面に反映されます。また、ユーザーがレビューに対して いいね を付けることができ1回押すごとに いいね の数が1増えていきます。

次に機能について見ていきます。このアプリケーションはとてもシンプルな書籍のレビューサイトです。ページを開くと書籍情報が並んでおり、書籍情報はクリックするとそれぞれ開閉するようになっています。クリックするとこれまでに投稿されたレビューを閲覧できます。ほかにもユーザーがレビューを書き込めるようになっていたり、レビューに対していいねをつけることができるようになっています。ログイン機能はないため、誰が何を投稿したかは分かりません。

- 書籍にはタイトル・著者・画像・概要が含まれており、それらが画面に表示されている
- 書籍にはそれぞれレビューのデータが複数紐付いている
- 各書籍情報に表示されているリンクをクリックすると紐付いているレビューの一覧が表示される
- レビューにはユーザー名・本文・いいね数が含まれており、それらが画面に表示されている
- ユーザーは誰でもレビューを投稿可能でコメント入力後に送信ボタンを押すとレビューが追加される

ここまでに挙げた機能や構造などをまとめると上記のような特徴が見えてきました。これらの既存仕様に変更を加えることなく利用する技術を変えていき、より開発がしやすい環境・実装にしていくことを目的としています。

アプリケーションが抱える課題を探る

次に、既存のコードを読みながら実装の詳細について見ていきます。リポジトリ内にあるapp.jsを開いてみてください。このアプリケーションはjQueryを使って実装されていてDOMの生成や外部との通信はすべてjQueryのAPIを使って実装されています。

js

```
/**
 * {@link https://github.com/n05-frontend/shuwa-frontend-book-app/blob/42351c64ab0cc
c131b4d74315709b64f699b9ffd/app.js#L1-L36}
 */
$(function() {
  $.ajax('http://localhost:1323/books')
    .done(function(books) {
      books.forEach(appendBook)

```

```
      $('.js-toggle-review').on('click', function(event) {
        var bookId = $(this).data('bookId')
        $('.js-review[data-book-id="' + bookId + '"]').toggle('fast')

        return false
      })

      $(document).on('click', '.js-like', function(event) {
        var likeCountElement = $(this).find('.js-like-count')
        likeCountElement.text(likeCountElement.text() + 1)

        return false
      })

      $(document).on('submit', '.js-form', function(event) {
        var bookId = $(this).data('bookId')
        $.ajax({
          url: 'http://localhost:1323/reviews',
          type: 'post',
          dataType: 'json',
          data: {
            comment: $(event.currentTarget).find('textarea').val()
          }
        }).done(function(review) {
          $('.js-review[data-book-id="' + bookId + '"] > ul').append($(createBookRev
iew(review)))
        })

        return false
      })
    })
})
```

jQueryはそれまで非常に面倒だったDOM操作を手軽に行えるようにしたことで多くのユーザーから愛され、長らくWebアプリケーション開発の中心にいたライブラリです。しかしDOMを直接操作するという特性上、DOMへの影響を常に考慮しながら実装する必要があります。また、jQueryを利用しているとすべてのコードがブラウザイベントに紐づくような形で実装されて運用し続けていく中でコードが複雑に絡み合い改修が困難になってしまうことも少なくありません。Reactなどのコンポーネント指向のライブラリであればViewはコンポーネントという単位で分割しやすい設計になり、さらにFluxなどのアーキテクチャを採用することによってレイヤごとの責務やデータフローを明確にすることが容易です。アプリケーションの規模が大きくなった際にも新規のコンポーネントを継ぎ足せる、不要になったものは消せるといった状態を保ちやすくなります。

以下のコードではjQueryのappend()を利用して要素を生成して埋め込んでいますが文字列内に変数を挿入することで書きづらいコードになっています。解決策としてテンプレートエンジンを使うことはできますがReactのようにJSXが標準で利用可能、といったことはないので自身でのセットアップが必要です。

js

```
/**
 * https://github.com/n05-frontend/shuwa-frontend-book-app/blob/42351c64ab0ccc131b4d
74315709b64f699b9ffd/app.js#L38-L65
 */
function appendBook(book) {
  $('#js-book-list').append($(
    '<li class="book-list__item">' +
      '<div class="book-list__item__inner">' +
        '<img class="book-list__item__inner__image" src="' + book.image + '" alt="'
+ book.title + '">' +
        '<div class="book-list__item__inner__info">' +
          '<h3 class="book-list__item__inner__info__title">' +
            book.title +
            '<span class="book-list__item__inner__info__title__author">(' + book.aut
hor + ')</span>' +
          '</h3>' +
          '<p class="book-list__item__inner__info__overview">' + book.overview + '</
p>' +
          '<p class="book-list__item__inner__info__comment">' +
            '<a href="#" class="book-list__item__inner__info__comment__link js-
toggle-review" data-book-id="' + book.id + '">' +
              book.reviews.length + '件の感想・評価' +
            '</a>' +
          '</p>' +
        '</div>' +
      '</div>' +
      '<div class="review js-review" data-book-id="' + book.id + '">' +
        '<ul class="review__list">' + book.reviews.map(createBookReview).join('') +
'</ul>' +
```

```
      '<form class="review__form js-form" data-book-id="' + book.id + '">' +
        '<textarea class="review__form__input" rows="5" placeholder="「' + book.tit
le + '」を読んだ感想・評価を教えてください"></textarea>' +
        '<button class="review__form__submit" type="submit">投稿</button>' +
      '</form>' +
    '</div>' +
  '</li>'
  ))
}
```

また、コミュニティがどれだけ活動しているかやリリースの頻度なども技術選定をしていく中で重要な選定指標になります。コミュニティの活動が活発であるということは最新の情報やそれを解説する記事などが出回りやすく壁にぶつかっても課題解決しやすい土壌が整っているということです。こういった調査や改修時のコスト削減がしやすいのも実際に開発する際には重要な点となってきます。

アプリケーションの実装についての知識が深まったところで次章からコードの改修をしていきます。まずはコードをビルドして簡単に配布できるようwebpackとBabelを導入します。

Part 2 実践編

どうやって使うかを学ぶ

Chapter

6

Front-End

設計と実装

アプリケーションのコアとなっているライブラリを入れ替えるのは簡単な作業ではありませんし、既存のコードから移行していくタイミングでいかに不具合を出さないしくみを作れているかが重要になります。本章では開発環境の構築と移行時に導入していくパッケージの紹介やその用途、どのように設定していけば良いのかといった点をコードを交えながら解説します。

Section
6-1
Front-End

フロントエンド環境の構築

コードを快適に書くための環境を構築します。まずはパッケージの管理ツールとしてYarnの設定をした後にコードをバンドルするためのwebpackの導入、書いたコードがブラウザ上の実行環境で互換をもった状態で動くようにするためのBabelを導入するところまで進めます。

webpackやBabelがどういったものなのかは「コンパイラ・モジュールバンドラー」(p.25)で取り上げていますので本節では割愛し、設定方法や実行方法について解説します。

Yarnの利用準備

パッケージ管理をするためにpackage.jsonとyarn.lockの作成を行います。今回は`yarn init`※1実行時に`-y`オプションをつけることで初期化時に確認される項目をすべてスキップし、デフォルト値の状態でファイルの生成を行います。

bash

```
$ yarn init -y
```

`package.json`と`yarn.lock`が作成されたことによってライブラリのインストールや削除が可能になりました。次にYarnを使ってwebpackのインストールとその設定ファイルである`webpack.config.js`の記述について見ていきます。

webpackのインストール

実装したコードをBabelやTypeScriptといった各種コンパイラで処理したりファイル分割されたコードを1つにまとめて配布しやすくしたりするためにwebpackをインストールします。webpackをインストールする際にCLIから実行可能にするためのwebpack-

※1 yarn init | Yarn - https://classic.yarnpkg.com/ja/docs/cli/init

cliも合わせてインストールします。

bash

```bash
$ yarn add webpack webpack-cli --dev
```

次にwebpackの設定を記述するファイルであるwebpack.config.jsをリポジトリのルートに配置します。このファイル名はデフォルトでビルド実行時に設定ファイルの名称を渡すようにすれば別名称でも問題ありません。しかし、今回はファイル名を変えたい理由※1はないのでデフォルトのファイル名のままで作成します。

js

```js
/**
 * {@link https://github.com/n05-frontend/shuwa-frontend-book-app/blob/0de4bf304ef7d
9592d0e63eb927f72a9a1d27b1a/webpack.config.js#L1-L10}
 */
const path = require('path');

module.exports = {
  mode: process.env.NODE_ENV || 'development',
  entry: './src/app.js',
  output: {
    filename: 'main.js',
    path: path.resolve(__dirname, 'dist'),
  },
};
```

そしてpackage.jsonにbuildコマンドを定義してyarn run buildを実行します。実行後にバンドルしたファイルが出力されているかを確認します。

json

```json
// https://github.com/n05-frontend/shuwa-frontend-book-app/blob/0de4bf304ef7d9592d0e
63eb927f72a9a1d27b1a/package.json#L8-L10
"scripts": {
  "build": "webpack"
}
```

※1 実行環境によって設定ファイルを変えたい場合にファイル名を変更するなどのケースがあります

```
$ yarn run build

# 中略

Entrypoint main = main.js
[./src/app.js] 2.97 KiB {main} [built]

$ ls dist/
main.js
```

無事ファイルが生成されていることが確認できました。ここまででwebpackの基本的な設定は完了しました。次はBabelをインストールしてwebpackと連携させてみます。

Babelのインストール

最新の構文など、対象とする全ブラウザで対応されていない仕様についても実装者が意識しなくてもよいようにBabelをインストールします。webpackでのビルド実行時にBabelのコンパイルも同時に処理してほしいのでbabel-loaderも合わせてインストールします。babel-loaderはwebpackのLoader※1のしくみを利用しています。これによってwebpackの中間処理としてBabelが利用できます。

bash

```
$ yarn add @babel/core @babel/preset-env babel-loader --dev
```

Babelの実行に必要なファイルが揃ったので`webpack.config.js`にBabel用の設定を追加します。コード上にある@babel/preset-envを利用すると対象のOSやブラウザのバージョン、コンパイル時の設定などが可能※2になります。今回のサンプルでは指定していませんが特定の環境向けに配信する場合やコンパイル結果をチューニングしたい場合などで役に立ちます。

js

```
/**
 * {@link https://github.com/n05-frontend/shuwa-frontend-book-app/blob/cca9d29fd8692
```

※1 Loaders | webpack - https://webpack.js.org/concepts/loaders

※2 @babel/preset-env • Babel - https://babeljs.io/docs/en/next/babel-preset-env.html

```
ce320fe5d6b620a53b7f91f4dbe/webpack.config.js#L10-L23}
 */
module: {
  rules: [
    {
      test: /\.js$/,
      exclude: /node_modules/,
      use: {
        loader: 'babel-loader',
        options: {
          presets: ['@babel/preset-env']
        }
      }
    }
  ]
},
```

この状態で再度ビルドしてみて処理が正常に完了していることを確認します。

bash

```
$ yarn run build

# 中略

Entrypoint main = main.js
[./src/app.js] 2.65 KiB {main} [built]
```

これでBabelの設定は完了です。次節ではBabelの設定にTypeScriptをコンパイル可能にするための設定を追加して型安全なコードに書き換えていきます。

Section
6-2
Front-End

TypeScriptの導入

前節でBabelでコードをコンパイルしてwebpackでファイルを出力する、という流れを作りました。このしくみを利用してTypeScriptを導入し、既存コードを型安全なコードに書き換えます。

TypeScriptについての概要やしくみについては「JavaScript代替言語：TypeScript」（p.31）で触れています。

TypeScriptのインストール

まずはじめにTypeScriptをYarn経由でインストールします。

bash

```
$ yarn add typescript --dev
```

インストールするとtscというTypeScriptのCLIが利用できます。コマンドを実行してTypeScript実行環境を整えます。

bash

```
$ yarn run tsc --init
yarn run v1.22.4

# 中略

message TS6071: Successfully created a tsconfig.json file.
```

上記のようにコマンドを実行すると`tsconfig.json`というTypeScriptの設定ファイルが作成されます。設定可能な項目は入出力の設定のほかにもコンパイラがチェックする項目なども含まれており非常に多いため、公式リファレンス※1を読みながら自身のプロジェクトに必要な設定を選択していきます。

※1 TypeScript: Handbook - Compiler Options - https://www.typescriptlang.org/docs/handbook/compiler-options.html

これでTypeScript自体の設定は完了です。次はBabelがTypeScriptをコンパイルできるようにするための設定を追加します。

Babel経由でTypeScriptのコンパイルを行う

Babelのコンパイル処理中でTypeScriptのコンパイルを行うためには@babel/preset-typescriptというパッケージが必要なのでまずはインストールコマンドを実行します。

bash

```
$ yarn add @babel/preset-typescript --dev
```

次にインストールした@babel/preset-typescriptをBabelの設定に追加します。また、追加する際にbabel-loaderを適用するファイルの対象にTypeScriptの拡張子である.tsが含まれるようにします。

js

```
/**
 * {@link https://github.com/n05-frontend/shuwa-frontend-book-app/blob/a5a747e9d40e9
832002b1a0cdbd4801c67fe3796/webpack.config.js#L20}
 */
rules: [
  {
    // 解説: .js もしくは .ts を対象とする
    test: /\.(j|t)s$/,
  }
]
```

これでビルドの設定は完了です。次は型定義のインストールとTypeScriptへの書き換えを行います。

既存コードをTypeScriptで書き換える

コードを書き換える前に既存のコードが依存しているパッケージをインストールしておきます。サンプルアプリケーションが依存しているパッケージはjQueryのみなのでここではjQueryのインストールを実行します。

⊗bash

```
$ yarn add jquery
```

JavaScriptで実装しているコードであればjQuery本体のインストールのみですが、TypeScriptで実装する場合は各パッケージの提供するAPIがどのような値を返すのかをコンパイラが知っている必要があります。型定義はパッケージ本体に含まれていて参照先として設定されていればそれを参照しますし、なければ別途インストールした型定義や自身で定義したものを参照させるようにします。

本体に含まれていない場合はDefinitely Typed※1というさまざまなパッケージの型定義を提供しているリポジトリに利用しているパッケージの型定義がないかを探しにいってみましょう。存在していればインストールするだけで自動で参照されるようになります。見つからなかった場合は型定義を自作※2して自身のプロジェクト内で読み込ませたり、importした結果がanyでもエラーにならないように無視するなどの設定が必要です。

型定義を自作しなければならない場合、TypeScript 3.7からJSDocを使用して型定義を生成する機能※3が追加されているのでJSDocが書かれているものであれば時間の短縮や手間の軽減につながります。

サンプルアプリケーションではjQueryの型定義が必要なためDefinitely Typedから取得します。

⊗bash

```
$ yarn add @types/jquery --dev
```

Definitely Typedに格納されている型定義は`@types`というスコープでnpmに公開されており`yarn add @types/{パッケージ名}`の形式で取得できます。

jQueryの型定義が手に入ったのでコードの修正をしていきます。まずは`app.js`を`app.ts`にリネームしておきます。

※1 Definitely Typed - https://github.com/DefinitelyTyped/DefinitelyTyped

※2 TypeScript: Handbook - Introduction - https://www.typescriptlang.org/docs/handbook/declaration-files/introduction.html

※3 TypeScript: Handbook - Creating .d.ts Files from .js files - https://www.typescriptlang.org/docs/handbook/declaration-files/dts-from-js.html

bash

```
$ git mv app.js app.ts
```

次にCDN経由で取得していたjQueryのソースコードを先程ローカルにインストールしたjQueryと入れ換えます。

html

```
<!-- https://github.com/n05-frontend/shuwa-frontend-book-app/commit/b6680488691700b8
716e8277346689b537f0012d#diff-eacf331f0ffc35d4b482f1d15a887d3bL13 -->
<!-- 下記の <script> タグを削除 -->
<script src="https://code.jquery.com/jquery-3.4.1.min.js" integrity="sha256-CSXorXvZ
cTkaix6Yvo6HppcZGetbYMGWSFlBw8HfCJo=" crossorigin="anonymous"></script>
```

これ以降、サンプルアプリケーション内でのパッケージ・別ファイルの読み込みにはimport構文を利用します。

ts

```
/**
 * {@link https://github.com/n05-frontend/shuwa-frontend-book-app/blob/b668048869170
0b8716e8277346689b537f0012d/src/app.ts#L1}
 */
import $ from 'jquery'
```

これで依存パッケージに型をつけることができました。しかし、実装されたコードについてはまだ何も変更を加えていないのでTypeScriptのコンパイル時にエラーが発生します。次はコンパイルエラーの確認方法と発生したエラーの修正を行います。

コンパイルエラーを解消する

まずはチェックする際のコマンドをpackage.jsonに定義して実行しやすくします。

json

```
// https://github.com/n05-frontend/shuwa-frontend-book-app/blob/d644fabc1ac2ed353b32
61c60a68bb4be1ec5e3c/package.json#L10
{
  "scripts": {
```

```
    "build": "webpack",
    "lint:ts": "tsc --noEmit"
  }
}
```

次に、定義したコマンドを実行してエラーがでているか確認します。

bash

```
$ yarn run lint:ts
yarn run v1.22.4
$ tsc --noEmit
src/app.ts:40:21 - error TS7006: Parameter 'book' implicitly has an 'any' type.

40 function appendBook(book) {
                       ~~~~


src/app.ts:69:27 - error TS7006: Parameter 'review' implicitly has an 'any' type.

69 function createBookReview(review) {
                             ~~~~~~



Found 2 errors.
```

2つのエラーが発生しました。エラーはいずれも型がanyだったという内容です。書籍とレビューの構造が宣言されていないことが原因で発生したエラーなのでそれぞれ型を宣言してどんな値なのかをコンパイラが理解できるようにします。

ts

```
/**
 * {@link https://github.com/n05-frontend/shuwa-frontend-book-app/blob/9d20467b567c4
c2f071062d9e35eb37a5ea236f4/src/app.ts}
 */
type Book = {
  id: number
  title: string
  author: string
  overview: string
  image: string
  reviews: Review[]
```

```
}

type Review = {
  id: number
  username: string
  comment: string
  like: number
}

// 中略

function appendBook(book: Book) {
  // 中略
}

function createBookReview(review: Review) {
  // 中略
}
```

APIのレスポンスに合わせて型を宣言しました。これによってappendBook()createBookReview()の引数の型が明確になりました。この状態でコンパイルエラーが出ていないかを確認してみます。

bash

```
$ yarn run lint:ts
yarn run v1.22.4
$ tsc --noEmit
```

先程出ていたエラーがすべて消え、新たなエラーも発生していない状態になりました。これでひとまずTypeScriptへの移行が完了しました。ここではanyになっている値に対して型を宣言しエラーを解消しただけですが、この変数には必ず文字列が入っていてほしいといった状況では明示的に型を宣言するのが有効です。

ts

```
// 型を明示的に宣言することで foo には string 型しか格納できなくなる
let foo: string = 'foo'

// OK
foo = 'bar'
```

```
// Error
foo = 0
```

Section 6-3 Front-End

コードの分割

ここまでサンプルアプリケーションのコードはapp.jsにすべてを記述したまま実装してきました。このままコード量が増えていくと可読性が落ちていき最終的には高コストなコード運用が求められるようになってしまいます。

本節では適切なコード量で別ファイルに切り出し、必要な場面で呼び出すようにします。ここではES Modulesを採用しimport/export構文で実装します。

処理を別ファイルに切り出す

まずは書籍のレビューを表示する関数をcreateBookReview.tsというファイル名で切り出してみます。切り出した処理は別ファイルから参照するためにexport構文で対象の変数や関数を指定します。

ts

```
/**
 * {@link https://github.com/n05-frontend/shuwa-frontend-book-app/blob/724a85a57dfd4
c6ac3d4671f252145c88526ac93/src/createBookReview.ts#L3-L15}
 */
export default function createBookReview(review: Review) {
  // 中略
}
```

利用する側はimport構文を利用してexportされているコードを読み込むことが可能です。

ts

```
/**
 * {@link https://github.com/n05-frontend/shuwa-frontend-book-app/blob/8cf3c2b1814b4
885f74082650936b70a1b16ac8b/src/app.ts#L3}
 */
import createBookReview from './createBookReview'
```

コンテキストの異なる処理を別のファイルに切り出していくことでそのファイル内のコードがどんな役割を持っているのかを明確にできます。GitHubで公開されているコードでは次に書籍情報を表示する`appendBook()`という関数を切り出しています※1。やっていることは`createBookReview.ts`でやったようにコードを別ファイルに切り出してからimport/export利用して処理を呼び出すようにしています。

コードを分割することでファイルごとの役割が明確になりコードの見通しもよくなるので大量のコードを含んだファイルを作成するのではなく適切に分割しつつ実装を進めていくことが重要です。

Section 6-4 Jestを利用したユニットテスト

サンプルアプリケーションのコードにはテストコードがありません。本節ではコードを書いて正しく動いていることを担保するためにDOMへの描画が発生する処理をテストするための設定やテストの書き方など、順を追って解説します。

Jestのインストール

まずはJestというテストツールをインストールします。

※1 appendBook()を別ファイルにする•n05-frontend/shuwa-frontend-book-app@8cf3c2b - https://github.com/n05-frontend/shuwa-frontend-book-app/commit/8cf3c2b1814b4885f74082650936b70a1b16ac8b

bash

```
$ yarn add jest @types/jest ts-jest --dev
```

Jest本体とその型定義、加えてTypeScriptで実装されたコードを読み込むためのts-jestの3つをインストールしています。

jest.config.jsの設定

次に設定ファイルの初期化を行います。`yarn run jest --init`を実行すると質問が表示されます。最後まで回答するとその内容に合わせた設定ファイルが作成されます。

bash

```
$ yarn run jest --init

# 中略

✔ Would you like to use Jest when running "test" script in "package.json"? … yes
✔ Choose the test environment that will be used for testing › jsdom (browser-like)
✔ Do you want Jest to add coverage reports? … no
✔ Automatically clear mock calls and instances between every test? … yes

✏  Modified /path/to/shuwa-frontend-book-app/package.json

📝  Configuration file created at /path/to/shuwa-frontend-book-app/jest.config.js
```

2つ目のテスト環境を選択する質問でjsdomを選択するとNode.js環境でもブラウザ環境をエミュレートできます。また、Jestであればjsdomを設定不要で利用可能です。

最後にts-jestの設定を追加します。設定ファイル内に`transform`というプロパティがあるので拡張子が`.ts`のファイルに対してts-jestが実行されるようにします。これでJestの設定はすべて完了です。

js

```
/**
 * {@link https://github.com/n05-frontend/shuwa-frontend-book-app/blob/c10dc77139238
c859f89e11c098acb3ef83f43bf/jest.config.js#L168-L170}
```

```
 */
transform: {
  "^.+\\.ts$": "ts-jest"
}
```

描画されたDOMの検査

jest.config.jsの設定が終わったのでテストコードが書けるようになりました。まずは書籍のレビューを表示するcreateBookReview()のテストを1つ書いてみます。検査内容は「レビュー情報を1件渡したとき、DOMにレビューが1件表示されるか」です。

ts

```
/**
 * {@link https://github.com/n05-frontend/shuwa-frontend-book-app/blob/e680de2b75315
0493a47d3397fc8e7b383f0f874/src/createBookReview.test.ts}
 */
import $ from 'jquery'
import createBookReview from './createBookReview'
import { Review } from './app'

describe('createBookReview()', () => {
  const review: Review = {
    id: 1,
    username: 'テストユーザー',
    comment: 'この本はとても面白かったし学びも多い1冊でした。',
    like: 3
  }

  test('should return DOM element', () => {
    document.body.innerHTML = `<ul>${createBookReview(review)}</ul>`
    expect($('.review__list__item').length).toBe(1)
  })
})
```

Jestではdescribe()[※1]という関数で関連するテストをまとめることができ、第1引

※1 Globals•Jest#describe(name, fn) - https://jestjs.io/docs/ja/api#describename-fn

数に何のテストをするブロックなのかを渡すことでコードの可読性が上がります。

作成したブロック内にtest()[※1]を利用してテストケースを追加していきます。createBookReview()の戻り値をdocument.body.innerHTMLに格納して描画処理を実行させます。そしてクラス名を指定して対象の要素を取得、toBe()[※2]を利用して1件だけ表示されていることを検査しています。

描画処理が絡む機能のテストでは検査したい要素を特定・取得できるようになっていなければならないため、idやclassなどで判別できる場合は利用しましょう。それが無理な場合は描画する範囲を狭めたりセレクタでdiv > pのような形でDOMをたどるようにしましょう。

次に、渡した内容と表示されている内容が一致するかを確認するためにテストケースを追加します。

ts

```
/**
 * {@link https://github.com/n05-frontend/shuwa-frontend-book-app/blob/d314ce91d11a3
214687cf894f98728aea52ffc48/src/createBookReview.test.ts#L18-L31}
 */
// 解説: ユーザー名が一致しているか
test('should match username', () => {
  document.body.innerHTML = `<ul>${createBookReview(review)}</ul>`
  expect($('.review__list__item__name').text()).toBe(`${review.username}さんの感想・評価
`)
})

// 解説: レビューコメントが一致しているか
test('should match comment', () => {
  document.body.innerHTML = `<ul>${createBookReview(review)}</ul>`
  expect($('.review__list__item__comment').text()).toBe(review.comment)
})

// 解説: いいねの数が一致しているか
test('should match like count', () => {
```

※1 Globals • Jest#test(name, fn, timeout) https://jestjs.io/docs/ja/api#testname-fn-timeout

※2 Expect • Jest#.toBe(value) - https://jestjs.io/docs/ja/expect#tobevalue

```
  document.body.innerHTML = `<ul>${createBookReview(review)}</ul>`
  expect($('.review__list__item__like__button').text()).toBe(`♥ ${review.like}件`)
})
```

上記のようにテストケースを追加しながら必要な検査項目を増やしていきます。1つのテストケースで複数の検査をしてもよいですが、そのうちの1つの要素で改修が発生した際にテストケース内の別の検査項目に影響を及ぼしてしまう可能性があります。そうなるとテストケースの修正範囲も想定より大きくなり改修コストが増えてしまいます。そのためサンプルアプリケーションではテストケースを細かく分ける書き方をしています。テストコードはなるべくシンプルに保つことで改修が発生した際に追加しやすく削除しやすくなります。

書籍情報のテストケースもレビュー情報のテストケースとほとんど変わらない内容のため割愛しますが、1つだけ書籍情報のテストでしか実行していない検査項目があるため解説します。

ts

```
/**
 * {@link https://github.com/n05-frontend/shuwa-frontend-book-app/blob/0995b7566ce76
ea9035fce5f9978da335f632ee0/src/createBookListItem.test.ts#L56-L59}
 */
test('should render review', () => {
  document.body.innerHTML = `<ul>${createBookListItem(book)}</ul>`
  expect(createBookReview).toHaveBeenCalledTimes(book.reviews.length)
})
```

toHaveBeenCalledTimes()※1を利用して関数が何回呼ばれたのかを検査しています。書籍情報のDOMはcreateBookListItem()を呼び出すたびに1件生成しているため、この関数はテストデータとして用意している書籍の分だけ呼び出されるはずです。そのため、このロジックが正しく動作しているかどうかを検査するために呼び出し回数を検査しています。

仕様をテストコードに落としておくことで改修時の確認コストが大幅に下がります。手動でのデバッグを減らすためにもテストは積極的に書くことをお勧めします。

※1 Expect • Jest#.toHaveBeenCalledTimes(number) https://jestjs.io/docs/ja/expect#tohavebeencalledtimesnumber

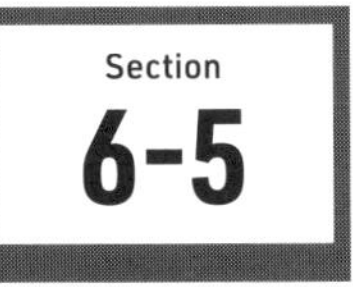

Reactの導入

本章のメインでもあるjQueryからReactへの移行を行います。webpackとBabelの設定やReactでDOMの描画、webpack-dev-serverを利用したライブリロードの方法についても解説します。

Reactのインストール

Reactはreactとreact-domをインストールすることで利用可能です。

bash

```
$ yarn add react react-dom
```

今回はTypeScriptで実装するので上記2つの型定義もインストールします。

bash

```
$ yarn add @types/react @types/react-dom --dev
```

Reactを動作させるためのパッケージについては以上です。

JSXのためのコンパイル設定

コンパイルするために必要なBabelのパッケージを追加します。

bash

```
$ yarn add @babel/preset-react --dev
```

次に`webpack.config.js`を修正します。ReactをTypeScriptで実装する場合、拡張子は`.tsx`となります。webpackやBabelがファイルを検知できるように`resolve.extensions`とbabel-loaderのtestとpresetsの修正を行います。

js

```
/**
 * {@link https://github.com/n05-frontend/shuwa-frontend-book-app/commit/b6f414f1d63
0c06eb8d428dcaa0baffbb2d6083f}
 */
resolve: {
  // 解説: 省略可能な拡張子に .tsx を追加
  extensions: ['.js', '.ts', '.tsx']
},
module: {
  rules: [
    {
      // 解説: .tsx が対象になるよう正規表現を修正
      test: /\.(j|t)sx?$/,
      exclude: /node_modules/,
      use: {
        loader: 'babel-loader',
        options: {
          presets: [
            '@babel/preset-env',
            // 解説: JSX のコンパイルを可能にする
            '@babel/preset-react',
            '@babel/preset-typescript'
          ]
        }
      }
    }
  ]
},
```

上記の設定を追加したことによりコード上でimportする際に`.tsx`拡張子の指定が不要、ビルド時にファイルがBabelによってコンパイルされるようになりました。

JSXで要素を表示する

Reactが動作するようになったのでテキストを描画してみます。`index.html`にReactの起点となる要素を追加します。

html

```html
<!-- https://github.com/n05-frontend/shuwa-frontend-book-app/blob/d1da754f8fd2300c32
0bfe98822f35fe79bb087e/index.html#L8 -->
<div id="react-root"></div>
```

上記の要素に対してReactで生成したh1タグを描画してみます。

tsx

```tsx
/**
 * {@link https://github.com/n05-frontend/shuwa-frontend-book-app/blob/d1da754f8fd23
00c320bfe98822f35fe79bb087e/src/app.tsx}
 */
import React from 'react'
import ReactDOM from 'react-dom'

// 中略

const root = document.getElementById('react-root')
ReactDOM.render(<h1>React で描画する</h1>, root)
```

この状態でコードをビルドしブラウザを開くと「Reactで描画する」というテキストが表示されており、Reactを利用して要素を表示できていることが確認できます。

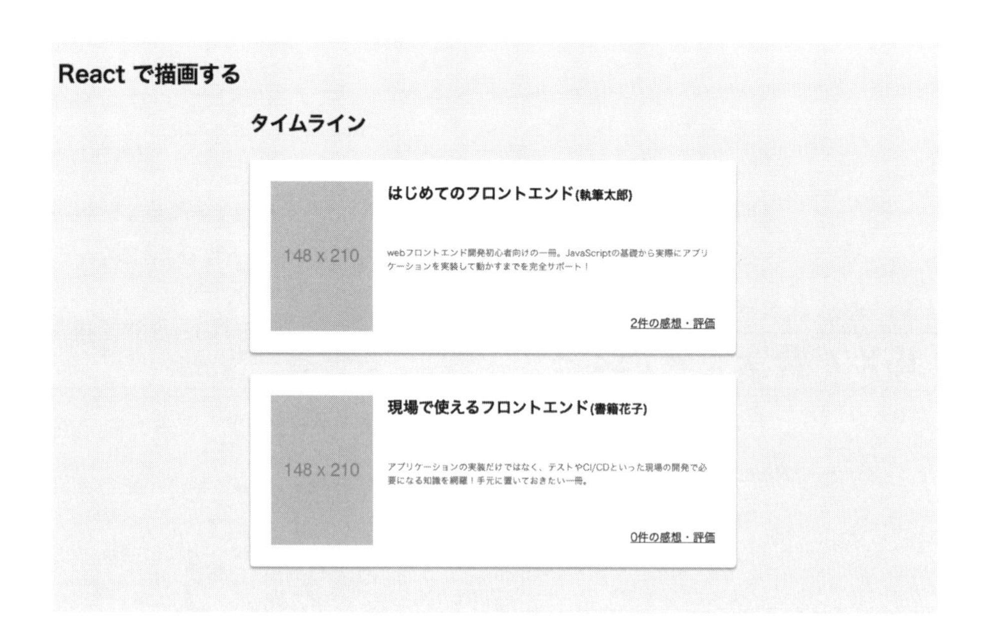

webpack-dev-serverのインストールと設定

jQueryからReactにコードを書き換えるたびにビルドをしてブラウザで開いたページをリロード、を繰り返すのは手間です。このタイミングでwebpack-dev-serverをインストールしてライブリロードが使えるようにしましょう。

bash

```
$ yarn add webpack-dev-server --dev
```

設定はwebpack.config.js内にdevServerというプロパティで記述します。

js

```
/**
 * {@link https://github.com/n05-frontend/shuwa-frontend-book-app/blob/c0fc5e46346ff
c7a8973ed9f65bfd9293b92e40c/webpack.config.js#L32-L35}
 */
devServer: {
  contentBase: __dirname,
  port: 5000
}
```

合わせてpackage.jsonに起動用のコマンドを記述しておきます。設定し終えたらコマンドを実行してローカルサーバが立ち上がること、ファイルに変更を加えた際に自動でブラウザ側に反映されることを確認します。

json

```
"scripts": {
  "serve": "webpack-dev-server"
}
```

ブラウザでの確認ができたらwebpack-dev-serverの設定は完了です。設定ファイルに数行書くだけで設定が完了するためwebpackを利用する際はセットでインストールしておくことをお勧めします。

jQueryで書いたコードをReactに書き換える

既存のjQueryで実装したコードをReactで書き直していきます。JSXの記法はHTMLに似ているため、それ自体に修正点はほぼありません。例としてページトップの要素を書き直した場合を見てみます。

tsx

```
/**
 * {@link https://github.com/n05-frontend/shuwa-frontend-book-app/blob/b68de04ba1d0b
4fa4cb4a9aa5c7210f3597c50ca/src/Timeline.tsx}
 */
import React from 'react'

export default function Timeline() {
  return (
    <div className="page">
      <h2 className="page__title">タイムライン</h2>
      <ul id="js-book-list" className="book-list"></ul>
    </div>
  )
}
```

このように静的な要素であれば表示したいHTMLをReact Componentの中に移動させて`class`を`className`に置換するだけです。しかし、実際のコードはもっと複雑でAPIとの通信も発生します。次に書籍情報を取得してリストで表示する部分をReact Componentで実装したコードを見てみます。

tsx

```
/**
 * {@link https://github.com/n05-frontend/shuwa-frontend-book-app/blob/b8379f1e8580c
76380dc816275c4867b3aaa6bd4/src/Timeline.tsx}
 */
import React, { useEffect, useState } from 'react'
import BookList from './BookList'
import type { Book } from './app'

export default function Timeline() {
  const [books, setBooks] = useState<Book[]>([])
```

```
  useEffect(() => {
    fetch('http://localhost:1323/books')
      .then<Book[]>(response => response.json())
      .then(books => setBooks(books))
  }, [])

  // 中略
}

/**
 * {@link https://github.com/n05-frontend/shuwa-frontend-book-app/blob/b8379f1e8580c
76380dc816275c4867b3aaa6bd4/src/BookList.tsx#L4-L28}
 */
export default function BookList({ books }: { books: Book[] }) {
  return books.map(book => (
    <ul className="book-list">
      <li className="book-list__item">
        <div className="book-list__item__inner">
          <img className="book-list__item__inner__image" src={book.image} alt={book.
title} />
          <div className="book-list__item__inner__info">
            <h3 className="book-list__item__inner__info__title">
              {book.title}
              <span className="book-list__item__inner__info__title__author">
                ({book.author})
              </span>
            </h3>
            <p className="book-list__item__inner__info__overview">{book.overview}</
p>
            <p className="book-list__item__inner__info__comment">
              <a className="book-list__item__inner__info__comment__link">
                {book.reviews.length}件の感想・評価
              </a>
            </p>
          </div>
        </div>
      </li>
    </ul>
  ))
}
```

ここでは<Timeline>内でAPIのレスポンスから取得した書籍情報を<BookList>に渡し、書籍の一覧を表示しています。初回描画するタイミングでuseEffect()※1の中に書いた処理がAPIとの通信を行い、その結果をsetBooks()経由でstateに保存します。stateが更新されたことによって画面が再描画され、画面上にAPIから取得した書籍の一覧が表示されました。useState()※2を利用することでstateとそのセッタが生成されています。

イベントハンドラの記述

ここではレビューリストを表示していたUIの開閉処理のハンドラを実装します。はじめにuseState()で開閉状態のフラグを保持するstateを生成しますが、最初は閉じている状態にしたいのでfalseを設定しておきます。

tsx

```
/**
 * {@link https://github.com/n05-frontend/shuwa-frontend-book-app/blob/5666376853a63
d673fc0e10ed735fd9bee95a2d7/src/BookList.tsx#L6}
 */
const [showReview, setShowReview] = useState(false)
```

次に開閉用のリンクにクリックイベントを設定して、クリックするたびにフラグが反転するようにします。

tsx

```
/**
 * {@link https://github.com/n05-frontend/shuwa-frontend-book-app/blob/5666376853a63
d673fc0e10ed735fd9bee95a2d7/src/BookList.tsx#L21-L23}
 */
<a href="#" className="book-list__item__inner__info__comment__link" onClick={() => {
setShowReview(!showReview) }}>
  {book.reviews.length}件の感想・評価
</a>
```

最後にレビューリストがフラグの値によってアニメーションしながら開閉するようにします。

※1　ステートフックの利用法 - React - https://ja.reactjs.org/docs/hooks-state.html

※2　副作用フックの利用法 - React - https://ja.reactjs.org/docs/hooks-effect.html

bash

```
$ yarn add react-transition-group
$ yarn add @types/react-transition-group
```

```
/**
 * {@link https://github.com/n05-frontend/shuwa-frontend-book-app/blob/b747d72396f54
07405667750165589e7de35dcf1/src/BookList.tsx#L28-L36}
 */
<CSSTransition in={showReview} timeout={200} classNames="review">
  <div className="review">
    {/* 中略 */}
  </div>
</CSSTransition>css
```

```
/* https://github.com/n05-frontend/shuwa-frontend-book-app/blob/b747d72396f540740566
7750165589e7de35dcf1/style.css#L77-L99 */
.review {
  max-height: 0;
  overflow-y: hidden;
}

.review-enter-active {
  max-height: 500px;
  transition: max-height 0.2s ease;
}

.review-enter-done {
  max-height: 500px;
  overflow-y: scroll;
}

.review-exit {
  max-height: 500px;
}

.review-exit-active {
  max-height: 0;
  transition: max-height 0.2s ease;
}
```

これでレビューリストを表示できるようになりました。react-transition-groupはReact Componentでアニメーションを実装するためのパッケージです。CSSと組み合わせることで開閉のアニメーションを簡単に実現できます。

useState()やuseEffect()などのHook※1を利用することで大量のコードを書かずに動的な画面を構築できます。標準で用意されているものだけでなく独自のHookを作成ができる※2ので、複数のReact Componentで再利用したいような処理を切り出しておくことも可能です。

Section 6-6 Front-End

Enzymeを使ったコンポーネントのテスト

EnzymeはReact Componentのテストを補助するユーティリティです。Enzymeを利用することで入れ子になっているコンポーネントでテスト対象のコンポーネント以外をモックするなど、テストをする際に考慮しなければならないコンポーネントの描画周りをサポートしてくれます。

Enzymeのインストール

まずは必要なパッケージをインストールします。React 16.xを利用している場合はenzyme-adapter-react-16というパッケージが必要です。サンプルアプリケーションでのReactのバージョンは16.13.1で対象になるためEnzyme本体と一緒にインストールしています。

bash

```
yarn add --dev enzyme @types/enzyme enzyme-adapter-react-16 @types/
enzyme-adapter-react-16
```

Jestの設定

jest.config.jsにEnzymeの設定を追加します。さきほどインストールしたenzyme-adapter-react-16を読み込むための処理が必要※3なのでEnzymeの初期設定

※1 フック早わかり – React – https://ja.reactjs.org/docs/hooks-overview.html

※2 独自フックの作成 – React – https://ja.reactjs.org/docs/hooks-custom.html

※3 Introduction • Enzyme – https://enzymejs.github.io/enzyme

を行うファイル作成します。

ts

```
/**
 * {@link https://github.com/n05-frontend/shuwa-frontend-book-app/blob/75db7d90fa998
a7a81392367e0adef93d39727df/src/setupEnzyme.ts}
 */
import { configure } from 'enzyme'
import EnzymeAdapter from 'enzyme-adapter-react-16'
configure({ adapter: new EnzymeAdapter() })
```

次に作成したsetupEnzyme.tsをJestが読み込むように指定しておきます。

js

```
/**
 * {@link https://github.com/n05-frontend/shuwa-frontend-book-app/blob/75db7d90fa998
a7a81392367e0adef93d39727df/jest.config.js#L127}
 */
setupFilesAfterEnv: ['<rootDir>/src/setupEnzyme.ts'],
```

これでEnzymeの設定は完了しましたが、Jestを実行時にJSXのコンパイルが行えるように修正する必要があります。この問題を解決するためにtransformの設定をts-jestからbabel-jestに変更して対応します。Babelの設定はすでにJSXをコンパイルできる状態なので切り替えるだけで動作します。

bash

```
$ yarn add babel-jest --dev
$ yarn remove ts-jest
```

```
/**
 * {@link https://github.com/n05-frontend/shuwa-frontend-book-app/blob/0487dd8edb0ab
11a3ed4b2b52a8cabe07436e4d9/jest.config.js#L170-L172}
 */
transform: {
  "^.+\\.tsx?$": "babel-jest"
}
```

ただしbabel-jestがBabelの設定ファイルを見に行く先はbabel.config.jsのため、webpackの設定から切り離して作成しなければなりません。

js

```
/**
 * {@link https://github.com/n05-frontend/shuwa-frontend-book-app/blob/a33d661af431a
fa0f88f6dcbede02f448b97419a/babel.config.js}
 */
// 解説: presets, plugins の項目をそのままコピー
module.exports = {
  presets: [
    '@babel/preset-env',
    '@babel/preset-react',
    '@babel/preset-typescript'
  ],
  plugins: [
    '@babel/plugin-transform-runtime'
  ]
}

/**
 * {@link https://github.com/n05-frontend/shuwa-frontend-book-app/blob/a33d661af431a
fa0f88f6dcbede02f448b97419a/webpack.config.js#L19-L21}
 */
// 解説: webpack.config.js には babel-loader を読み込む設定だけを残す
use: {
  loader: 'babel-loader'
}
```

React Componentをテストする

準備ができたのでReact Componentに書き換えたコードをテストしていきます。コードをReactで書き直しただけでロジック自体に変更はないためテストコードの変更点の大半は描画の方法と要素の取得方法になります。はじめに<ReviewList>のテストを書いてみます。

tsx

```
/**
 * {@link https://github.com/n05-frontend/shuwa-frontend-book-app/blob/7bcfa3bbbd00d
8c9efefa7477de09d227c04495c/src/ReviewList.test.tsx#L14-L17}
 */
test('should return <ul> element', () => {
  const wrapper = shallow(<ReviewList reviews={[review]} />)
```

```
  expect(wrapper.is('.review__list')).toBe(true)
})
```

このテストケースでは親要素である<ul>が描画されていることを確認したいのでshallow()を利用して描画処理を実行しています。wrapper.is()で対象の要素が存在しているかチェックし、その結果をtoBe()で検査します。

Enzymeのレンダリングの方式は3つあり、それぞれ描画される内容・速度が異なるため適切な方式を採用することでテストの実行時間を短縮できます。

- shallow() - 子コンポーネントは描画せず、引数に与えたコンポーネントのみを描画します。
- mount() - jsdomなどのDOMエミュレータを利用して子コンポーネントを含んだ状態でDOMにマウントします。加えてReactのライフサイクルメソッドも実行されます。
- render() - 子コンポーネントを含んだ状態で描画しますがライフサイクルメソッドは実行されません。

動的な処理などがなく表示結果だけを確認する場合はshallow()かrender()を利用し、ライフサイクル内で処理した結果を元にDOMを構築しているようなコンポーネントではmount()を使うようにしましょう。

たとえばAPIと通信した結果を元にDOMを構築するような処理があった場合、テスト実行時は実際に通信させたくないことがほとんどです。そのような場合にはJestのモック機能[※1]を利用してダミーのレスポンスを返したり期待通り呼び出されているかなどを検査できます。ファイルは__mocks__/{モックしたいファイルの名前}で作成します。

ts

```
/**
 * {@link https://github.com/n05-frontend/shuwa-frontend-book-app/blob/ec33c400723a8
7a372737e06abecdf83bfb85923/src/__mocks__/api.ts}
 */
```

※1 Mock Functions • Jest - https://jestjs.io/docs/ja/mock-functions

```
import type { Book } from '../app'

export const dummyBooks: Book[] = [
  {
    id: 1,
    title: 'フロントエンド開発',
    author: '執筆太郎',
    overview: 'フロントエンド開発をこれから始める方に最適な1冊です',
    image: 'https://example.com/front-end.png',
    reviews: [],
  },
  {
    id: 2,
    title: 'バックエンド開発',
    author: '執筆太郎',
    overview: 'バックエンド開発をこれから始める方に最適な1冊です',
    image: 'https://example.com/back-end.png',
    reviews: []
  }
]

export async function getBooks(): Promise<Book[]> {
  return dummyBooks
}
```

api.tsの書籍情報を取得する関数をモックしてダミーのレスポンスを返すようにしました。あとは呼び出し元でこのモックを利用するように指定してテストコードを書くだけです。

tsx

```
/**
 * {@link https://github.com/n05-frontend/shuwa-frontend-book-app/blob/778e00a9aa535
36458f22e0b26b315ae29042b32/src/Timeline.test.tsx}
 */
jest.mock('./api')

import React from 'react'
import { act } from 'react-dom/test-utils'

// 中略
```

```
describe('<Timeline>', () => {
  // 中略
  test('should return <ul> element', async () => {
    await act(async () => {
      const wrapper = mount(<Timeline />)
      expect(wrapper.find('ul').is('.book-list')).toBe(true)
    })
  })
})
```

ここで`act()`という関数でEnzymeの描画実行をラップしていますが、これは`useEffect()`などのHookをテスト対象のコンポーネントが利用していた場合にテストが実行できなくなる問題の回避方法になります。EnzymeのGitHubリポジトリでHookの対応状況が確認できます※1。

Section 6-7 Front-End styled-componentsの導入

styled-componentsはコンポーネントとスタイルを別物として扱うのではなく、コンポーネントとスタイルをセットで扱うためのライブラリです。このアプローチによってスタイルはコンポーネント内に閉じ込められるのでCSSのスコープや命名の重複などによる問題を気にしなくてよくなります。

ほかにもコンポーネントを削除する際に関連するCSSの記述の消し忘れなどを防ぐことができたり、共通化したいコンポーネントなどでは最低限のスタイルを適用しておいてあとからカスタムスタイルを適用したりといったことも可能です。

※1 React hooks support checklist • Issue #2011 • enzymejs/enzyme - https://github.com/enzymejs/enzyme/issues/2011

styled-componentsのインストール

styled-componentsを利用するためにパッケージのインストールを行います。

bash

```
$ yarn add styled-components
$ yarn add @types/styled-components babel-plugin-styled-components --dev
```

パッケージ本体と型定義に加えてBabelがstyled-componentsの記法を解釈できるようにbabel-plugin-styled-componentsをインストールしています。インストールしたプラグインをbabel.config.jsに追加しておきます。

js

```
/**
 * {@link https://github.com/n05-frontend/shuwa-frontend-book-app/blob/d24a42d0569d4
2059469c73d4de878242290fb37/babel.config.js#L9}
 */
plugins: [
  '@babel/plugin-transform-runtime',
  // 解説: plugins の中に追加
  'babel-plugin-styled-components'
]
```

CSSからstyled-componentsへの移行

styled-componentsで生成したコンポーネントへ移行するにはCSSから対象のスタイルをコピーしてきて反映させる作業が必要になります。たとえば<ReviewList>内の要素を移行した場合はこのようになります。

tsx

```
/**
 * {@link https://github.com/n05-frontend/shuwa-frontend-book-app/blob/119ae57faaf14
261c0b46b0df638eee37ca70394/src/ReviewList.tsx#L2-L31}
 */
import styled from 'styled-components'

const Item = styled.li`
```

```
  border-bottom: 1px solid #d6d6d6;
  font-size: 1rem;
  padding: 15px 0;
`

const Name = styled.p`
  margin: 0;
`

const Comment = styled.p`
  margin: 5px 0 0;
`

const Like = styled.p`
  margin: 10px 0 0;
  text-align: right;
`

const LikeButton = styled.a`
  color: #000;
  display: inline-block;
  text-decoration: none;
  &:hover {
    color: #F43C3C;
  }
`
```

styled-componentsでは`styled.{要素名}`という指定でコンポーネントを生成できます。移行するだけであればもともと利用していた要素をstyled-componentsで生成して、必要なスタイルをCSSからコピーすれば完了です。CSS記法がほとんどそのまま利用できるため移行の難易度はそれほど高くありません。

アニメーションの実装では`keyframes`[※1]というヘルパーを利用する必要がありますが、中身の実装は`@keyframes`[※2]と同じです。また、生成したkeyframesを変数に格納しておけば使いまわし可能になります。頻出するアニメーションを生成して共通化して

※1 styled-components: Basics - https://styled-components.com/docs/basics#animations

※2 @keyframes - CSS: カスケーディングスタイルシート | MDN - https://developer.mozilla.org/ja/docs/Web/CSS/@keyframes

おくと同じようなアニメーションを何度も実装せずに済みます。

アニメーションのようにスタイルの定義も使いまわしたい場合はcss[※1]というヘルパーを使ってスタイルだけを変数に格納し、複数のコンポーネントに反映するといったことが可能です。

CSSのようにほかの要素への影響を気にしたりクラスの命名に迷ったりすることはなく、スタイルを定義すれば特定のコンポーネントのみに反映されて削除する際にも消し忘れなどの対応漏れが起きにくいため大規模なアプリケーションではより重宝される存在となります。

既存のアプリケーションコードにおける課題を見つけながら、比較的モダンな技術を使って形を変えてきました。しかし、新しい技術をただ使いたいというモチベーションからモダン化しているわけではありません。開発効率を上げてリリースまでのリードタイムを短くするために開発基盤を整備し、開発者が安全にコードを変更し運用していくために型の導入やユニットテストの作成をしています。改修によって画面が正しく動作しない、UIが崩れてしまうといった不安をJavaScriptのコンテキストからクリアにしてきました。

もしあなたが現場に入っていく際には今回のようなわかりやすい課題ばかりとは限りません。何十倍も複雑化・巨大化してしまったコードを前に愕然とすることもあるでしょう。また組織的な事情や課題からスムーズに事が運ばず、自分がやりたいように変更していくことが難しい場合もあります。もしあなたが課題を感じるようなコードを前にした場合、まずやるべき重要なことは基盤となるUIライブラリやフレームワークを刷新することではありません。目の前の課題を一つ一つほぐしながら、すばやい変更に対応できるコードベースを作ることです。

本章で扱ったような既存のコードベースが存在し課題を多く感じるケースでは、プロダクトコードやフロントエンドというフィールドに対してオーナーシップを持てるよう、まずは足場を固めて自由度の高いコードベースを作っていくことが大事でしょう。

※1 styled-components:API Reference#css - https://styled-components.com/docs/api#css

Part 2 実践編
どう使うかを学ぶ

Chapter 7

Front-End

CI/CDによって受けられるメリット

ここまで手元でソースコードが動作することを中心に解説を続けてきました。開発の現場ではローカル環境で実行し正しく動くことをもってソースコードをコミットすることが多いはずですが、ソースコードに触れ、手を入れ変更を加えるのはあなただけとは限りません。変更の大小は問わずチームメンバーがソースコードをコミットした際に彼・彼女の手元でTypeScriptでコンパイルエラーが検出されていないか、変更に応じてユニットテストのコードも変更を加えているか、相手の変更を自分の手元で確認するまで分からないという状況ではあまり効率が良いとは言えません。

また繰り返されるリリースサイクルの中で人間はコンパイルチェック、ユニットテストを忘れることなく毎回実施できるでしょうか。仮に忘れることが一度あったとしてリリース後にバグが発覚・手元でチェックを行うとエラーを検出していたという場合、「ああ、なぜチェックを手元でやらなかったのだろう」と嘆いても時間は戻りません。

本章ではCI/CDによる自動化や活用方法を学ぶことで、ワークフローに自動検出を導入し安定したアプリケーションを提供しながらどういったメリットを得られるかということを考えます。

開発における運用と聞くと、どうしても開発や作業はスピードが落ちるとともに硬化していくようなイメージを持つ読者もいるでしょう。実はアプリケーション開発は運用における工夫次第で、後続する開発の健全性を維持し課題解決のきっかけを作れるのです。

サーバサイドではサーバリソースの監視や閾値モニタリングやアラート対応など運用において対応すべきことが多く出てきますが、フロントエンドについてはどうでしょうか。

開発の現場にいないと感じられないことですが、実はフロントエンドはプロダクトやサービスのグロースと大きく紐付き、コードの変更頻度が高いと筆者は感じます（むしろ少ない場合、健全な運用が行われているか怪しんだほうがよいでしょう）。

UI変更による効果比較やABテストなど施策と歩みをともにすることが増えていくことは間違いありません。そのためコードベースが健全でいられるしくみを導入しておかないと、すぐにコードベースは腐り始め触れにくいものとなりスピードが落ちることでコードベースの良くない硬化が始まると開発は不健全な状態に陥ります。

また運用にのせていくと改善や機能追加といった要望は当然のように上がってきます。コードベースが健全であり続けることと同時にサービスも健全である必要があります。両者ヘルシーな状態を維持するために、なぜそれを実施するのかやなぜそういった結果が得られたのか、共感を持ちながら前に進むためのチームにおける組織学習が必要です。

さらに、リリースされたアプリケーションに障害は突然訪れます。普段身近に感じることは少ないでしょうが、フロントエンド起因の障害が起きないという保証はどこにもありません。誰かが踏んだであろう、同じ轍を踏まないためにフロントエンドを起点とした障害事例や未然防止のためのポイントを知ることは必要です。

本章では上記のような運用における課題解決やより開発の現場に近い具体的なお話をしながら、フロントエンドにおける運用を考えていきます。

まずはCI/CDといった継続的な取り組みを実行することで得られるメリットを享受しましょう。人間がやるべきではない作業を機械的に実施し開発環境を安全かつ健全な状態を維持しておくことは運用においての効果が大きいはずです。解説してきたコードベースのユニットテストを実際のCIを使って自動化していきます。合わせてリントを導入しPull-Requestでインデントの指摘コメントをするなどといった不毛な時間を避けていきましょう。

最後にCIを利用したパフォーマンス計測を実施し外形からのアプリケーションとしてのヘルスチェックを行う方法について知りましょう。重要な点はスコアを見ることではありません。「あなたのアプリケーションが健全であるか」です。

Section 7-1 Front-End

CI/CDによって受けられるメリット

CI/CDとはContinuous Integration/Delivery/Deployment＝継続的インテグレーション・デリバリ・デプロイと呼ばれます。アプリケーション・ソフトウェアの変更をフックにして、リントやテストやコンパイルなどの人間が開発で実施するフェーズを自動化させ安定したリリースに備えることを指したり、安定したリリースそのものを指したりすることもあります。

人間が実施するのではなくなぜ機械的に自動化させるのでしょう。理由は開発者自身の手動負担を抑えることと開発プロセスのあり方の変化から考えられます。

自動化されていない開発フローではリントチェックやユニットテストの実施は開発者自身の手動操作に委ねられます。コミット前に各自が個人の開発端末でチェックを行うことはもちろんのこと、人間が忘れてしまったという場合、あるブランチがマージされてから、壊れていることに気付かずそのまま作業が進んだりもするでしょう。

そういった課題を解決するために、CI/CDはGitというバージョン管理のイベントにフックさせてチェックを自動化させることが可能です。たとえば「コミットされたときに必ず」「Pull-Requestがマージされたときに必ず」、などイベントごとに自動化を適用できます。これによって人的ミスや見落としはほぼなくなると言ってもよいでしょう。

一方で開発プロセスのあり方が変わってきたことも大きな理由です。提供スピードや早い開発サイクルが求められると、アジャイルといった考え方が浸透し開発プロセスにも変化が要求されたものも理由のひとつとも言えます。安定した定期的なリリースのためには自動化された安全性の確認が非常に重要です。

あなたが入っていくことになる開発の現場にCI/CDがすでに導入されていればごく当然のようにリントやユニットテスト、コンパイルチェックなどの自動化が進んでいるはずです。そういったコミット単位でチェックすべきフローが自動化されているだけではなく、リリース・デプロイに関連するワークフローも自動化されている現場もあるでしょう。

本節ではここまでのプロジェクト・コードベースにCI/CDを導入するところから解説します。その中でユニットテストやコンパイルチェックを自動化させて、まだ未着手だったリントも導入してコードベースが健全に保たれるプロセスを作っていきながら得られるメリットについて考えていきます。

CI/CDについて

すでにCI/CDによる自動化が組織やプロジェクトに導入済みであるケースもあるでしょう。オンプレミスの自社サーバもしくはプライベートクラウドで運用されるものとしてはJenkins※1やTravis CI Enterprise※2などが該当します。一方でSaaSとしてサービス提供しているTravis CI※3やCircleCI※4を利用するケースも多く見られます。

ここまでGitHubで実践的なコードを扱ってきたのでリポジトリから利用可能なGitHub Actions※5をCI/CDの実行環境として選択しましょう。前述にも挙げたCIツールは多くが公開リポジトリであればクレジット数に限りがある、同時実行のジョブがひとつだけであるなどの制限はあるものの、無償で利用が可能です。同じようにGitHub Actionsも利用自体は無償で始めることができます。

有償版との違いはいくつかありますが、基本的には無償で利用する場合は制限まで利用すると以降は実行できなくなります。以降の実行については従量課金といった形になります。CIでの実行時間、そしてアーティファクトと呼ばれる成果物を実行後に保持しますがその成果物のファイル容量に応じて課金が発生するしくみです。※6 利用については詳しくは追って確認していきましょう。

※1 Jenkins - https://www.jenkins.io/

※2 Travis CI Enterprise - https://docs.travis-ci.com/user/enterprise/

※3 Travis CI - Test and Deploy Your Code with Confidence - https://travis-ci.org/

※4 Continuous Integration and Delivery - CircleCI - https://circleci.com/

※5 GitHub Actionsのドキュメント - GitHub Docs - https://docs.github.com/ja/actions

※6 GitHub Actionsの支払いについて - GitHub Docs - https://docs.github.com/ja/github/setting-up-and-managing-billing-and-payments-on-github/about-billing-for-github-actions
執筆時の情報です。

製品	ストレージ	分（月あたり）
GitHub 無償枠	500 MB	2,000
GitHub Pro 登録	1 GB	3,000

GitHub Actionsを始める

利用にあたっては特別何かが必要になるわけではありません。GitHubリポジトリのActionsというタブがデフォルトで表示されているのでそちらから始めることが可能です。

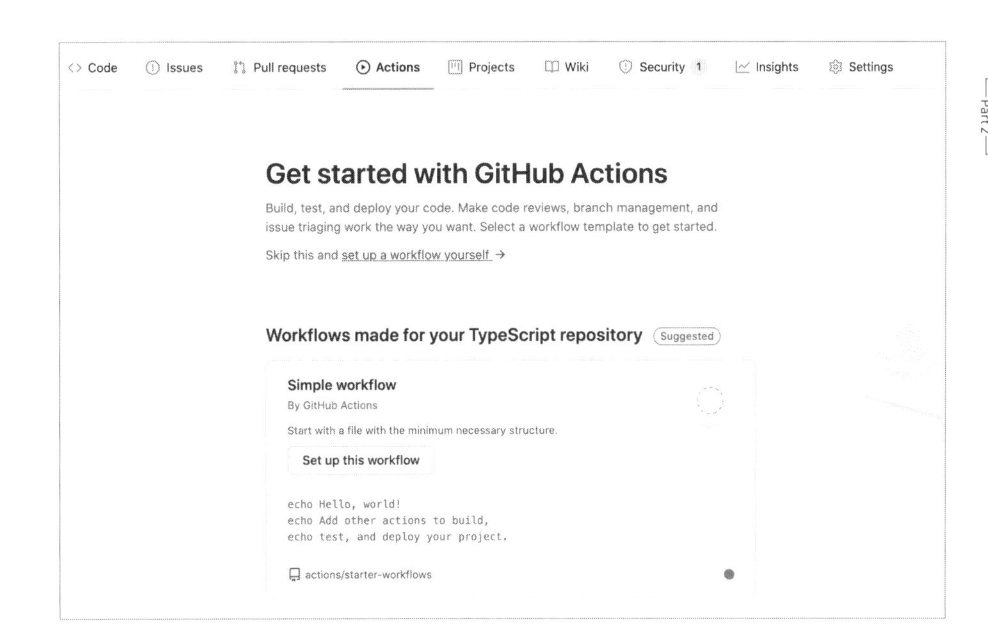

ここでは選択形式で必要そうなリンクを押下し画面を見ながらGUIエディタで設定ファイルを作ることになりますが、エディタで設定ファイルを作っていくほうが実際の設定を説明しやすいため、実ファイルを作成しながら進めていきましょう。

まず設定ファイルについてですが、ここではYAMLといったファイル形式を扱います。YAMLといったファイル形式は実は前述のTravis CIやCircleCIの設定ファイルにも使用されるだけではなく、Ansibleと呼ばれるインフラやOSの構成管理ツールの設定ファイルにも利用されており、インデントと文字列といくつかの構文によってオブジェクトやデータ構造を表現できるファイル形式です。JSONやXMLと違い、構造表現のための修飾語句がインデントにおる構造化で代替され一覧しやすいことや視認性が高いことから、こういった設定ファイルによく利用されているという印象があります。

yaml

```yaml
# `#` はコメントを指します

name: My name is CI
# JSON で表現するなら `{ "name": "My name is CI" }`

amounts:
  - 100
  - 200
  - 300
# JSON で表現するなら `{ "amounts": [100, 200, 300] }`
```

まずファイルをリポジトリ設置してYAMLファイルを書いてみましょう。GitHub Actionsで動作させたい場合のファイルパスは規定のものと決まっています。

◆ **.github/workflows/xxxx.yml**

上記のようなファイルパスで設定ファイルを設置する必要があります。ここではファイル名をlint.ymlとでもしましょう。ファイルに書く内容はそこまで煩雑ではありませんのでファイルとインラインコメントで解説します。ここまでで実装に合わせて用意したTypeScriptのコンパイルチェックとユニットテストのコマンドは作成済です。それらを利用して**コンパイル可能か、ユニットテストがすべてパスするか**をリポジトリのアクションに合わせて動作させていきましょう。

yaml

```yaml
# ① ワークフローの名前
name: Front-End CI Actions
# ② このワークフローがフックされる Git アクション
on: [push, pull_request]
jobs:
  # ③ ジョブの名前
  lint-and-test:
    # ④ 動作させる OS
    runs-on: ubuntu-latest
    # ⑤ 複数 Node.js バージョンのマトリクスで実施
    strategy:
```

```
    matrix:
      node-version: [12.x]
  # ⑥ ジョブ実行のステップシーケンス
  steps:
  # ⑦ GitHub Actions が提供するアクション
  - uses: actions/checkout@v1
  - name: Use Node.js ${{ matrix.node-version }}
    uses: actions/setup-node@v1
    with:
      # ⑧ マトリックスの変数を使用する
      node-version: ${{ matrix.node-version }}
  # ⑨ コミュニティが提供するアクション
  - uses: c-hive/gha-yarn-cache@v1
  - name: Package Install
    run: yarn
  - name: TypeScript Compile
    run: yarn lint:ts
  - name: Jest UnitTest
    run: yarn test
```

まずGitHub Actionsでは一度のアクションでおきる実行をワークフローと呼んでいます。今回はこの1ファイルのみ追加していますが、CircleCIやTravis CIと違いワークフローごとに設定ファイルを持つことができるため、煩雑になりがちな設定ファイルは疎結合に簡素化されていきます。ここでのワークフローはフロントエンド向けのCIなので①にはワークフローにふさわしい名称を記載しましょう。

②ではこのワークフローが動作するGit上のアクションを指定します。例示しているサンプルではPushされたタイミングとPull-Requestが作成されたタイミングで動作することを指定しています。また下記のような書き分けをすることでブランチやGit上のファイルの変更検知を指定することも可能です。

yml

```
on:
  push:
    branches:
      # master ブランチへの Push でのみ動作
      - master
    paths:
      # Push されたファイルが .ts のファイルでのみ動作
```

```
      - "**.ts"
```

③のトップフィールドにはジョブが列挙されるでしょう。ここでは lint-and-test という名前でひとつのジョブしか指定していません。ジョブの中には動作する④のOSを指定します。Linux・Windows・macOSが選択できますが、OSによって実行時料金に倍数がかけられるのでご注意ください。

⑤はジョブのビルドマトリックスを指定しバリエーションを持たせることが可能です。ここでは配列に12.xといったNode.jsのバージョンしか明記していませんが、仮に別のバージョンも実施したいといったケースでは追加していくとよいでしょう。このマトリックスで指定した値を実際に使うシーンは追って説明します。

⑥以降ではステップを順に記述していきます。宣言的に何を実行するのか、そのステップは何という名前かなどが明記されます。⑦ではusesと宣言されたフィールドがありますが、ここではGitHub Actionsが提供する公開アクションを利用しています。リポジトリのチェックアウトを実行するアクションです。⑧でNode.jsセットアップのための入力パラメータをキー/値で渡します。マトリックス上のバージョン名を渡すことでNode.js v12.xがセットアップされるのです。

⑨は公開されたアクションを利用しています。Yarnを利用してインストールしたnode_modulesをキャッシュし、次回実行時に再度ネットワークを介したインストールする手間を省くためにキャッシュファイルを利用します。こういったコミュニティが持つ公開アクションはGitHubマーケットプレイスにもあるので目当てのものがないか探してみるのも良いでしょう。※1

さてこれらをコミット・プッシュすると下記のように実行がActionsタブで確認が可能です。以降のGit操作においてPushとPull-Requestのタイミングでは常にコンパイルチェックとユニットテストが動作するようになりました。ここまでのコミットは3553a03※2となります。

※1 GitHub Marketplace • Actions to improve your workflow - https://github.com/marketplace?type=actions

※2 https://github.com/n05-frontend/shuwa-frontend-book-app/commit/3553a031cbe4a49e31baf52dadda2e295098857d

●GitHub Actionsで実行される

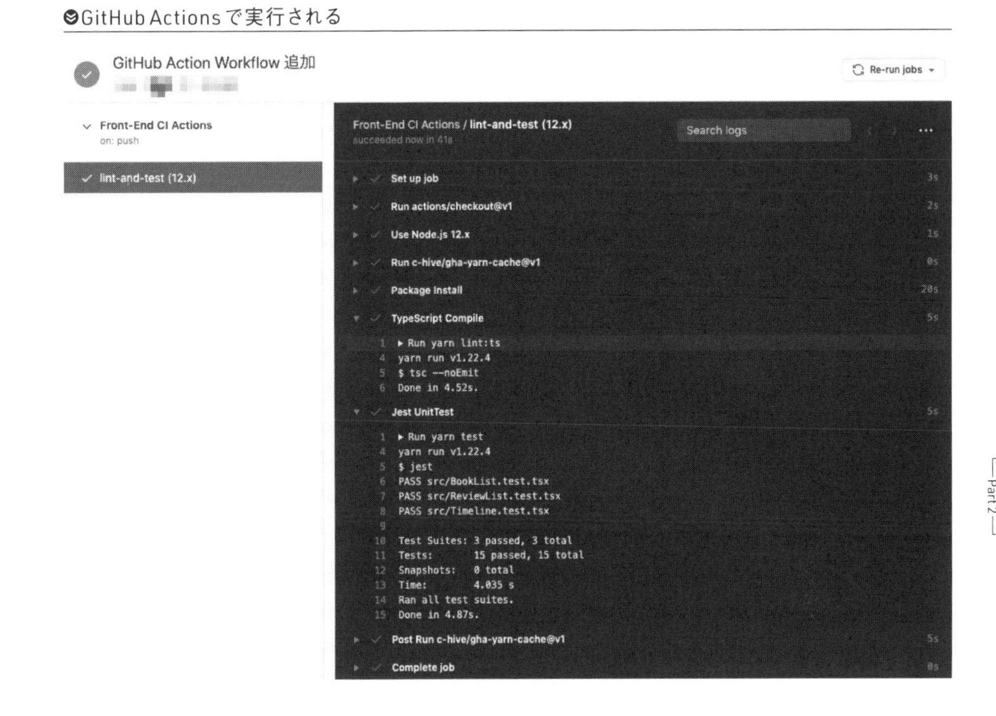

ESLintを導入し動作させる

先ほどのYAMLファイルでこれまで用意していたコンパイルチェックとユニットテストの実施は自動化がうまくいきました。次にPart 1でも触れたリンターである、ESLintとフォーマッターであるPrettierも導入してみましょう。

必要なパッケージについてはいったん説明を省きますが、下記のようなパッケージをインストールすることになります。

●bash

```
yarn add -D eslit \
  eslint-plugin-react eslint-plugin-react-hooks \
  @typescript-eslint/eslint-plugin \
  @typescript-eslint/parser \
  prettier \
  eslint-config-prettier eslint-plugin-prettier
```

これらはリントのためにTypeScriptを扱ったコードベースで推奨されるようなルールやReactを扱ううえでの推奨ルールをすでに持っています。またPrettierパッケージだけではなくESLintにPrettierを統合するためのプラグインなども追加しています。

ESLintの設定ファイルに限らず、初期構築でのみ必要になるような設定ファイルは変更や更新頻度が極端に少なくなるため、設定ファイルの作り方は忘れてしまいがちです。読者には都度思い出すより作ったものを自分のリポジトリに置いて参照したり、テンプレート化したりしておくことをお勧めします。ここでは設定ファイル一つ一つの項目や各パッケージの詳細についてまでは触れませんが、コミットされた`.eslintrc.js`の一部について見ていきましょう。

js

```
module.exports = {
  // 中略
  // ① 拡張するルールセット
  extends: [
    'eslint:recommended',
    'plugin:react/recommended',
    'plugin:@typescript-eslint/recommended',
    'plugin:prettier/recommended',
    'prettier/@typescript-eslint'
  ],
  // 中略
  // ② 追加するルール
  rules: {
    '@typescript-eslint/explicit-module-boundary-types': 'off',
    'react/prop-types': 'off',
    'prettier/prettier': [
      'error',
      {
        bracketSpacing: true,
        printWidth: 120,
        semi: false,
        singleQuote: true,
        tabWidth: 2,
        trailingComma: 'none',
        useTabs: false
      }
    ]
  }
}
```

ここではルールセットを中心に設定ファイルから抜いています。①ではESLint自身とプラグインが推奨するルールを利用することが明示されています。ESLintは開発者自身が共通ルールセットを自作しシェアすることを可能にしており、そのルールセット自身をパッケージとして公開できルールを読み出しできる設定ファイル自体をshareable configと言います。こういった、設定ファイルやカスタムする項目のみを上書きするやり方を、昨今のツールチェインの中ではよく行われます。設定している内容は下記のような内容です。

- ◆ESLintの推奨ルールセット
- ◆React向けプラグインの推奨ルールセット
- ◆TypeScript向けプラグインの推奨ルールセット
- ◆Prettierとの統合のための推奨ルールセット
- ◆TypeScript向けプラグインとPrettier共存設定

②では推奨ルールセットに追加したい・上書きしたいルールを記述します。`@typescript-eslint/explicit-module-boundary-types`はモジュールとしてエクスポートされる関数のシグネチャ（引数・戻り値）として型注釈を明示するルールですが、それを外しています。TypeScriptは関数の戻り値を推論可能なことがほとんどだからです。

`react/prop-types`ではReactが提供するpropsのランタイム型チェックのルールセットを緩めています。解説してきたとおりTypeScriptを用いたコンポーネント実装では型定義でpropsに型による制限を設けることが多いため、ランタイムでの型チェックについてはルールを設ける旨味はほとんどありません（もちろんコンパイルエラーをすり抜けるランタイムエラー抑止という点では有効ですが）。

`prettier/prettier`ではこのプロダクトでのフォーマットルールを追記しています。クオートがシングルかダブル、行末尾のセミコロンの有無、タブもしくはインデント、そういった議論はわざわざ開発レビューで持ち込む必要はありません。すべてここで片付けてしまい有無を言わさずチームで合意してしまいます。

さて、それではこれらの設定を用いてリントをかけていきましょう。`./src`のディレクトリで`.ts, tsx`という拡張子のものだけリントをかけます。

bash

```
eslint ./src --ext ts,tsx
```

このコマンドのエイリアスとなるようなpackage.jsonのnpm-scriptsのコマンドも用意しましょう。今回はeslintといったわかりやすいコマンド名にしました。

json

```
"scripts": {
  "eslint": "eslint ./src --ext ts,tsx",
}
```

これを先ほどのGitHub Actionsで動作するようにYAMLファイルに加えます。といっても今回新たに追加したESLintのコマンドを追加するだけです。そこまで大きな変更はありません。

yaml

```
steps:
# 中略
- name: ESLint linting
  run: yarn eslint
```

これでコード変更があるたびに必ず3つのチェックの動作する環境がそろいました。

- ◆ コンパイルが通るか（型エラー検出）
- ◆ ユニットテストがパスするか
- ◆ プロジェクトのコード規約に沿っているか
- ◆ フォーマットルールに従っているか

このままにしておくとコードベースはCIでリントエラーとなってしまいます。yarn eslint --fixのオプションをつけて自動修復してくれるものはすべてコマンドに任せてリントエラーを修正してから再度コミットしておきます。ここまでの変更は8513ed7※1となります。

※1 https://github.com/n05-frontend/shuwa-frontend-book-app/commit/8513ed75edc94f1e935f984c74372155998a85be

CIで自動化するメリット

上記までの取り組みでCIによる自動化をプロジェクトに導入できました。こういった自動化によって得られるメリットはいくつか考えられます。

まず開発者自身が手元の開発環境でテストやリントを実行してから確認するというマニュアル操作が不要になります。テストを手元で必ず実行しましょうといった人間のための規約は、必ず守られるものではありません。Pull-Requestによって必ず実行され機械的に指摘されることで人間がレビューで疲弊しないのも重要な点でしょう。

開発プロセスが健全になることはメリットのひとつです。筆者の経験上の印象ですが、CIが導入されていないプロジェクトではインデントやコードスタイルでいちいちコメントが入ってしまいレビューに時間がかかったり本質的な対話がなされていないという印象が残っています。

さらに**プロダクトコード自身も健全性を維持できるという点も大きなメリットです。**コードスタイルやコーディング規約を守ったコードベースがあることで開発者のメンタリティを常にフラットに保つことが可能です。

割れ窓理論といって割れた窓（つまりここでは規約に準拠しない一部のコードということになりますが）が存在する場合、壊してよいのだという認知が働きそこからコードベースが腐敗していく一因にもなります。

開発すべき内容に集中するため、前へ進むためにそういった維持を機械的に実施できる点は大きなメリットとなるでしょう。

そして何よりユーザーに提供する前で必ずリントやテストを実施しているという安心感を得られることも忘れてはなりません。ここではTypeScriptコンパイルチェックやリント、フォーマッターを動作させましたが、CIにE2Eテストを導入し簡易的な結合テストを設けることで不要な工数を抑えることもできるでしょう。自動化可能なプロセスをCIに乗せることで開発フローやプロセスでの抜け漏れで「あれをやっていなかった気がする」「これはやっていた、多分」など余計なことを考える必要はなくなります。

CIとは安定したアプリケーションを効率よくユーザーに届けるしくみであると同時に、本質的な開発に集中できるという大きなメリットがあることは覚えておきましょう。

Section
7-2 パフォーマンスと改善

Front-End

フロントエンドはユーザーの接地面に関わる重要な役割を担います。開発して機能が追加されていく中でいつの間にかユーザーへ画面を提供できるスピードが落ちておりパフォーマンスが劣化していたというケースは少なくありません。

バックエンドにおいてHTMLドキュメントのレスポンスを返すレイテンシが大きくなっているということもあれば、フロントエンドにおけるJavaScriptファイルのサイズ肥大化やスクリプトがUI構築のブロック要素となっていることが問題であることもあるでしょう。いずれも開発者ツールを使って何度か計測・サンプリングすることで検出できる可能性はあります。

たとえば前者が問題であればChromeの開発者ツールPerfomanceタブで計測したりNetworkタブでレスポンスのタイミングなどを確認できます。下記のスクリーンショットはいずれも同じサイトですが、HTMLを返却できるまでに2秒近くかかっていることがわかります。2秒レスポンスがないということはHTMLもパースできないので、ユーザーが2秒空白の画面を見続けていることになります。考えただけでも冷や汗が出てしまいます。

●Perfomanceタブを確認

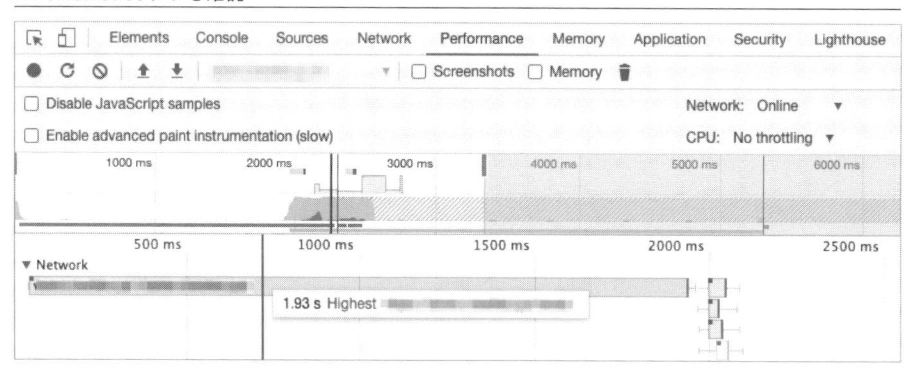

Networkタブを確認

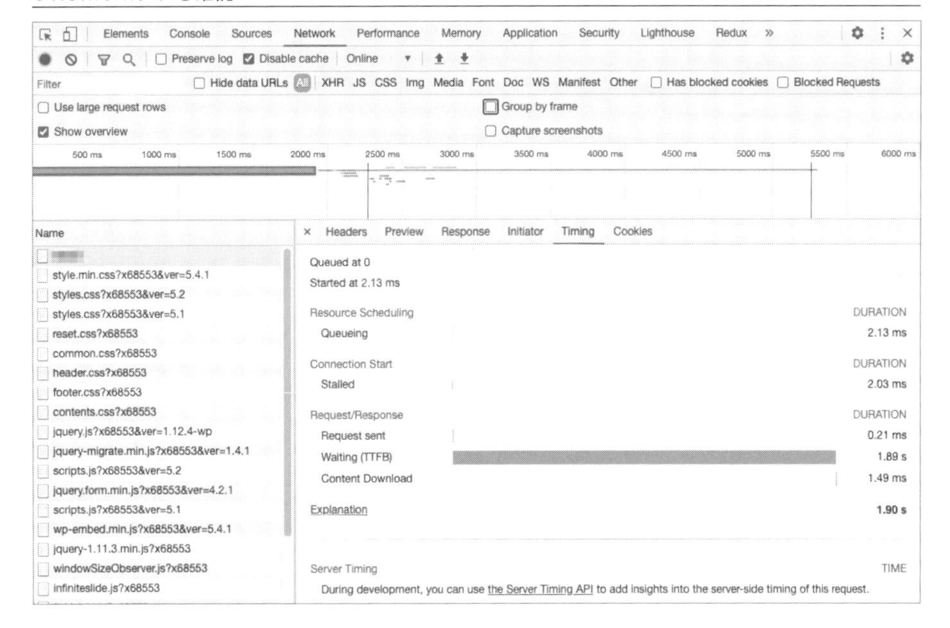

後者であるバンドルサイズやスクリプトの実行時間などについても開発者ツールで知ることができます。Perfomanceタブで計測後Long taskの警告数が多ければ、ユーザーの操作を邪魔してしまう処理が多くインタラクティブ性を落とすようなブロッキング要素がどこかに潜んでいる証拠です。

GoogleによればこのLongtaskは50ms以上処理される際に警告されるようです。※1 下記の計測程度の数であれば問題ありませんが頻発している、帯が長く100msどころか500msブロックしているなど問題が検出されれば改善を検討したほうがよいでしょう。

※1 Total Blocking Time (TBT) - https://web.dev/tbt/

●Long taskが50ms以上かかる箇所が多い計測結果

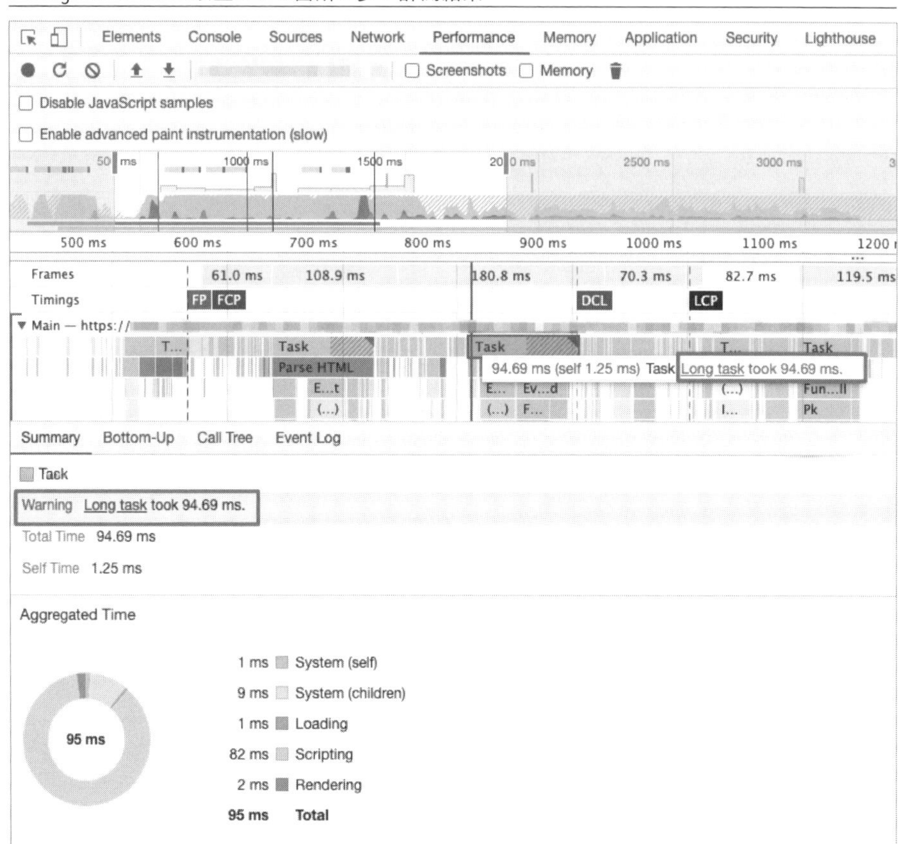

こういった劣化をユーザーからの問い合わせをきっかけに知るようであれば、すでに満足度を下げている状態ですし、開発チームの誰かが気付く場合も、急いで改善案を実行すべきです。

本章ではパフォーマンスの問題が検出されるポイントを簡単に見ていき、解決方法などを探っていきます。その中でCSSなどの画面以外のサブリソース読み込みに関連したレンダリングブロックという基礎的な解説を行います。またこういった状況を見逃さないための定期的な計測を前章で実装に反映させたCIでの実行を考えてみます。

パフォーマンスの問題とは

パフォーマンスを課題であると認識するタイミングはいくつかります。

新規開発のプロジェクトにおいては、総合テストや受け入れテストで発覚するケース、ローカル開発環境以外で実際にデプロイされてから気付くケースなどさまざまです。それらはテスターやプロダクトオーナー始め、開発チームの第3者的観点が含まれた場合に検出されることが多いというのが筆者の感じるところです。

つまりこれは開発者の関心の薄さや非機能要件としての認識不足などを起因としているのではないでしょうか。開発者自身がライブラリをどんどん追加しサブリソースのバンドルサイズが膨れ上がってしまった、開発中にユーザー環境のエミュレートまで網羅できなかったなど、無自覚であることも多いでしょう。

すでにリリース済みのアプリケーションについてはユーザー問い合わせから発覚するケースが多いように感じます。この場合、特に意識することなく機能追加を繰り返してサービスが拡張していった結果、開発チームが気付くことなくユーザーから知らされるということになります。こいうったことを抑止すべく、本章では追って定期的な計測についてのプラクティスを紹介します。

ただこういったパフォーマンスの問題を常日ごろから意識する必要はないと筆者は考えています。パフォーマンスのみに注力してもプロダクトは成長しませんし（翻ってもちろん機能追加し続けても同じことは言えるので択一的に進めるということではありません）、開発の本質的な前進は機能や価値提供ですので優先度が一番高い項目であるとは考えません。しかしながら無視できる問題ではないので、劣化を未然に防ぐための基礎的な知識から見ていきましょう。

基礎的なパフォーマンス知識：クリティカルレンダリングパス

画面描画の始まるタイミングが遅ければ任意のコンバージョン率が下がると言われるほど、早い段階での画面描画のスピードは重要視されています。いろいろな研究と計測、調査が行われているためここでは触れませんが、寄与できるものはコンバージョン率だけではありません。研究によっては直帰率の低下や滞在時間の長さ、同セッションにおけるページビュー数が上がるなどの研究結果が出ています。

基本的にブラウザが画面を表示する際はDOM、CSSOMと呼ばれるツリー状のモデル構築からスタートします。HTMLとCSSによって組み上げられるこのツリー構築が完了した段階でブラウザは画面にピクセルを描画・ペイントを始めます。そのため、画面に必要なHTMLとCSSは描画に必要な要素であると同時に、レンダリングをブロックし得るリソースであるとも言えます。初期描画（ここではブラウザが画面を最初に表示することを指しましょう）に必要なリソースやステップのことを **クリティカルレンダリングパス** と呼びます。

6章で取り上げたようなstyled-componentsなどを利用してReactを使ったクライアントサイドのレンダリングの実践においてはローディング中のUI提供をする限りにおいては初期描画が問題になることはそこまでありません。

styled-components自身も初期断面では不要なスタイルを画面に記述しないよう最適化されています。もちろん複雑な画面となった場合においてはクライアントサイドで優先的に描画すべきUIを先行してレンダーし順番を担保する必要はあります。

クリティカルレンダリングパスにおいて大きなブロック要因となるものの、分かりやすい例を取り上げるためにここでは特定のテンプレートエンジンなどで構築されたされた（レスポンスとして整形された）HTMLが提供され、CSSは別のサブリソースという状況を考えてみます。

Ruby on Rails、Laravelのようなサーバサイドフレームワークで HTMLの提供されるケースもプロジェクトによってはありえます。こういったケースではフロントエンドのアセットファイルが肥大化しているケースも多くここで解説しやすいということもあります。

html

```
<html>
<head>
  <link rel="stylesheet" href="/main.css">
  <script src="/script.js"></script>
</head>
  <body>
    <h1>見出し</h1>
    <p>コンテンツ</p>
  </body>
</html>
```

ここまで単純なHTMLであることはほとんどありませんが、シンプルなHTMLであってもブロック要素となりえるサブリソースを説明するには十分です。

✚クリティカルレンダリングパス：CSS

では、CSSから見ていきましょう。このHTMLにおけるサブリソース、main.cssです。HTMLからうかがい知ることはできませんが、このCSSファイルが膨大なファイルサイズだとしたら、なおかつgzip配信もしてないため圧縮されていない状態だとしたらどうでしょう。ネットワーク環境にもよりますがダウンロードとパース、CSSOM構築に時間がかかり描画への影響が出てきます。

膨大なファイルにどう太刀打ちしようか思いあぐねますが、なかなか難しい問題です。こういった問題に関してダイナミックに解決する方法として、**初期描画に必要なCSSだけ切り出す** という手法が存在します。※1Criticalという Node.jsのツールでブラウザの初期描画領域に必要なCSSをインラインで書き出すのです。それ以外のスタイルの読み込みは非同期にまわしてクリティカルレンダリングパスのステップ数を削減することが可能になるのです。実際にツール導入後には下記のようなHTMLに変更されます。

html

```
<html>
<head>
  <style>.many-style {color: red} /* 以降インラインでスタイル展開 */</style>
  <link href="main.0c9dc788.css" rel="preload" as="style" onload="this.onload=null;t
his.rel='stylesheet'">
  <noscript><link href="main.0c9dc788.css" rel="stylesheet"></noscript>
  <script>/* ツールが差し込むスニペット */</script>
  <script src="/script.js"></script>
</head>
  <body>
    <h1>見出し</h1>
    <p>コンテンツ</p>
  </body>
</html>
```

先に画面上部で必要なスタイルをインラインで読み込みます。`link`タグで読み込まれているCSSは残りのCSSですが、実際にはパースが行われず`preload`の宣言があるとおり、Resource Hints※2を利用して投機的に先読みされるだけでパースやCSSOM

※1　Extract critical CSS - https://web.dev/extract-critical-css/

※2　Resource Hints - https://w3c.github.io/resource-hints/

構築まで行いません。`noscript`でJavaScriptを無効にしたユーザーへのケアをしながら続くスニペットで先読みしている`main.0c9dc788.css`のパースやツリー構築が処理されるように切り替えています。

また膨大なCSSであればカバレッジを計測し使用していなければ削除するという方法もあるでしょう。おそらく途中からプロダクトに参加するということもあるでしょう、そういったケースでは、あなたがジョインするまでにCSSが肥大化し残留物が多く整理しきれていないという状況もないわけではありません。CSSで読み込まれた画面で利用されていないスタイルのカバレッジ計測をChrome開発者ツールは提供しています。なお計測後にSourceタブで未使用スタイルを確認することも可能です。

コンソールのならびにあるCoverageの赤いRecord UIを押下する

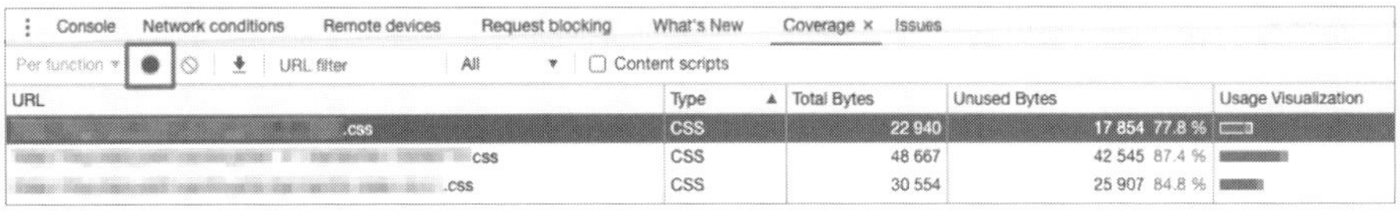

Console　Network conditions　Remote devices　Request blocking　What's New　Coverage ×　Issues

Per function ▾　URL filter　All ▾　Content scripts

URL	Type ▲	Total Bytes	Unused Bytes	Usage Visualization
.css	CSS	22 940	17 854 77.8 %	
css	CSS	48 667	42 545 87.4 %	
.css	CSS	30 554	25 907 84.8 %	

Sourceタブには未使用スタイルが赤いラインで示めされる

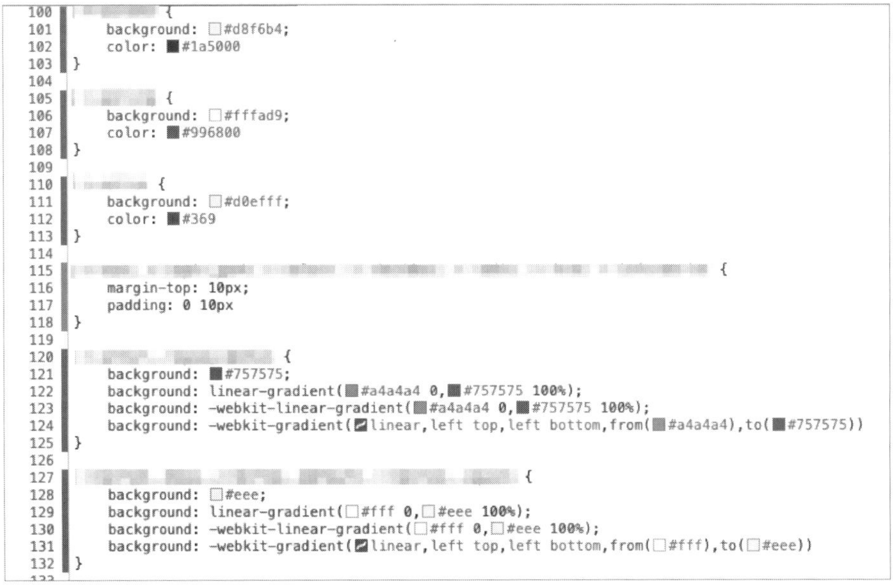

```
100          {
101      background: #d8f6b4;
102      color: #1a5000
103  }
104
105          {
106      background: #fffad9;
107      color: #996800
108  }
109
110          {
111      background: #d0efff;
112      color: #369
113  }
114
115          {
116      margin-top: 10px;
117      padding: 0 10px
118  }
119
120          {
121      background: #757575;
122      background: linear-gradient(#a4a4a4 0,#757575 100%);
123      background: -webkit-linear-gradient(#a4a4a4 0,#757575 100%);
124      background: -webkit-gradient(linear,left top,left bottom,from(#a4a4a4),to(#757575))
125  }
126
127          {
128      background: #eee;
129      background: linear-gradient(#fff 0,#eee 100%);
130      background: -webkit-linear-gradient(#fff 0,#eee 100%);
131      background: -webkit-gradient(linear,left top,left bottom,from(#fff),to(#eee))
132  }
```

＋クリティカルレンダリングパス：JavaScript

html

```
<html>
<head>
  <link rel="stylesheet" href="/main.css">
</head>
  <body>
    <h1>見出し</h1>
    <p>コンテンツ</p>
    <script src="/script.js"></script>
  </body>
</html>
```

例示したHTMLに存在したscriptがheadで読み込まれていましたが、初回画面構築に必要がなければbodyタグを閉じる手前に移動しましょう。スクリプトは処理が始まるとHTMLのパースをやめブロッキングする要素となります。

ですが、位置の移動だけではまだブロックするリソースとなりえます。script.jsがどうであれスクリプトはHTMLのパースをブロックするのです。

html

```
<script async src="/script.js"></script>
```

ひとつのアプローチとしてはasync属性を追加し非同期でダウンロードしHTMLパースのブロックさせないという手段があります。ですが、この場合ダウンロード後にスクリプトの実行が始まるとパースはブロックします。

html

```
<script defer src="/script.js"></script>
```

もう一方でdefer属性を追加することでパースもブロックせず、パースが完了してからスクリプトの実行を開始します。画面の構成や提供する機能にもよりますが、画面構築に影響がなければdeferを指定するのもよいでしょう。こういったHTMLパースのブロックや完了についてはChrome開発者ツールでも確認が可能です。

DOMContentLoaded Eventと示された箇所がHTMLパースの完了を指す

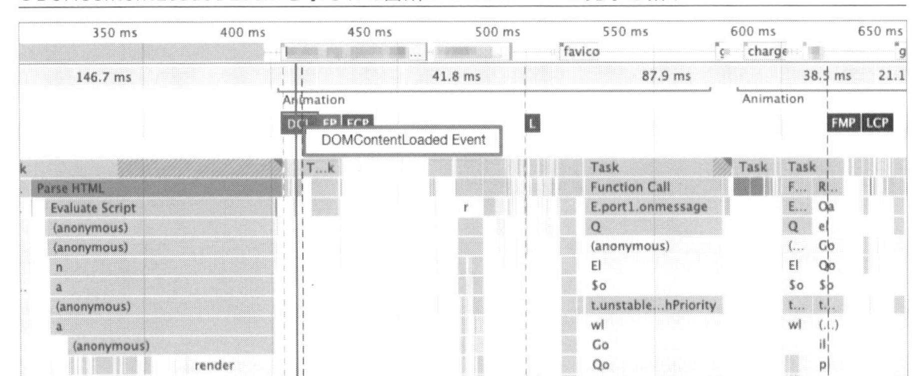

より詳しいドキュメントはGoogleが開発者向けに公開しているので参考にするとよいでしょう。

クリティカル レンダリング パスのパフォーマンスを分析する | Web | Google Developers

https://developers.google.com/web/fundamentals/performance/critical-rendering-path/analyzing-crp?hl=ja

Lighthouseを利用した定期的なパフォーマンス計測

パフォーマンスは常日ごろから注視して見続けるものでもありません。開発の中でパフォーマンススプリントなど集中的に対応する期間を設けて実施することはあっても、日々パフォーマンスだけに時間を費やすということはほとんどないといっても良いでしょう。

パフォーマンスが完全なボトルネックになっており、かけるコストに見合う効果が得られればよいのですが、無理をして着手する必要はないというのが筆者の認識です。

ブラウザの画面は多くのサブリソースを含んで構築されています。HTML、CSSがブロッキングリソースとなりうるというのは前述したとおりですが、スクリプトや画像やサードパーティのリソースを含めると、現実問題としてパフォーマンスのボトルネックがどこに存在するかはどの実装タイミングだったか時間的な前後関係はどこにあったか根本原因を探ることが難しくなることもあります。

つまり、**問題が発覚してから原因の切り分けが難しい状態よりも、常日ごろから気にかけなくても外形監視のように定期的な計測・検知のしくみが整えて計測結果が得られればよさそう**です。

そこで前章で解説したCIで定期的な計測を実行できるようにしてみましょう。GitのPushやPull-Requestのアクションに合わせて実行しましたが、GitHub Actionsは最初からcronのようなスケジュール実行も可能です。計測に使用するツールはGoogle Chromeの開発者ツールにも搭載されているLighthouse※1を利用します。Lighthouse自身はオープンソースで開発されており、Googleが提唱するメトリクスを中心にパフォーマンススコアを計算し評価可能で、PWAやベストプラクティス、アクセシビリティやSEOなどに最適化されているかなども合わせて確認できます。

1 2 3 4 5 6 Part 2 Chapter 7 8 9

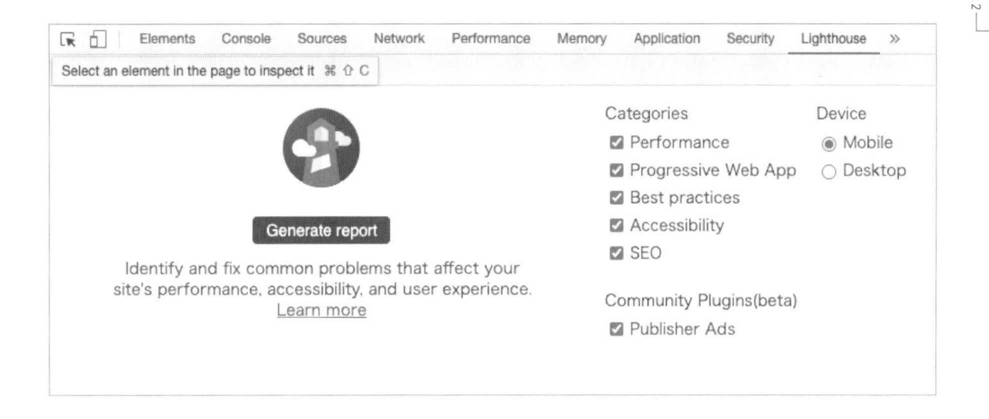

※1 Lighthouseによるウェブアプリの監査 | Tools for Web Developers | Google Developers - https://developers.google.com/web/tools/lighthouse?hl=ja

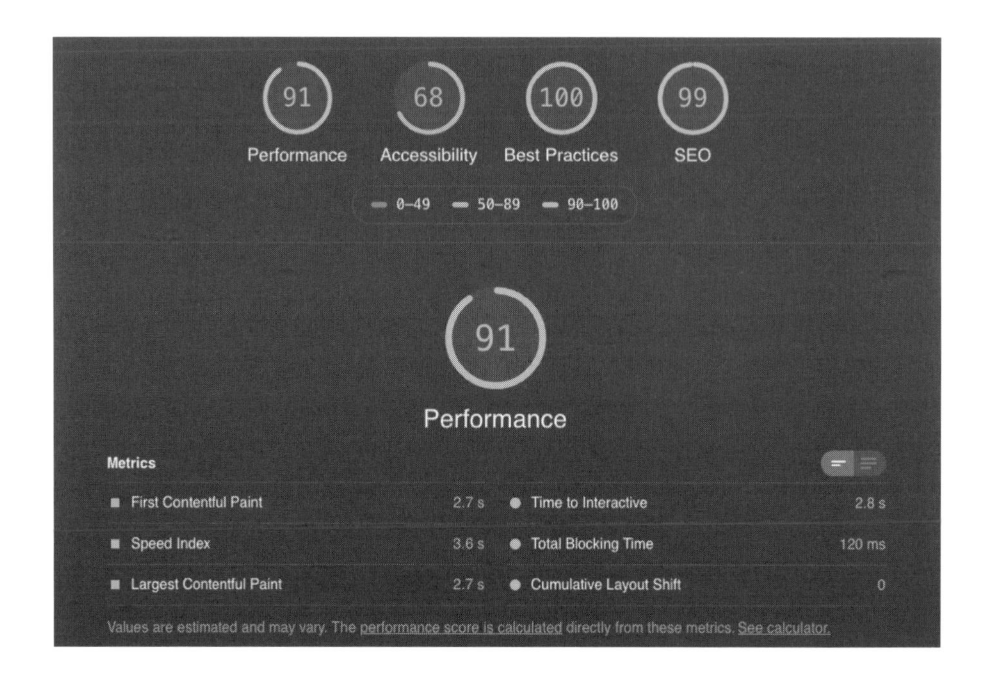

Googleは研究や調査からいくつかのメトリクスの計測や改善を行っていますが、2020年にはパフォーマンスを健全性=ユーザーの体験そのものとした際の重要なファクター3つをCore Web Vitalsとして紹介しました。※1

指標	解説	脚注
Largest Contentful Paint (LCP)	ビューポート内に表示されるもっとも大きな要素（もしくは画像）のレンダリングタイミング、秒を指標としており数値は少ないほどよい	※2
First Input Delay (FID)	ユーザーが最初にページを操作したときから、ブラウザが実際にイベントハンドラの処理を開始できるまでの時間、ミリ秒を指標としており数値は少ないほどよい	※3
Cumulative Layout Shift (CLS)	予期しないレイアウトシフト（= 描画中に発生する要素の出現に起因した操作性の欠如）の個々のスコア合計、少ないほどよい	※4

※1 Google Developers Japan: Web Vitalsの概要：サイトの健全性を示す重要指標 - https://developers-jp.googleblog.com/2020/05/web-vitals.html

※2 Largest Contentful Paint (LCP) - https://web.dev/lcp/

※3 First Input Delay (FID) - https://web.dev/fid/

※4 Cumulative Layout Shift (CLS) - https://web.dev/cls/

上記のメトリクスを中心にしてLighthouseは計測しスコアリングしますが、高いスコアを必ず出さなければいけないというわけでもありません。いずれも指標として提唱されているだけなのでプロダクトとしての価値足り得るかは各々判断する必要があります。アプリケーションやプロダクトにはさまざまな事情を抱えているケースも多く、抜本的に何かを変えるということが難しい場合もありえるのです。

✚Lighthouseを利用する

Lighthouseは前述通りオープンソースですのでソフトウェアとして利用が可能で、Node.jsのパッケージにも存在しているのでChromeが起動していなくても（GUIで表示されずヘッドレスで起動することにはなりますが）簡単に手元から動作できます。下記コマンドは出力にHTMLを選択しているので開発者ツールで確認できるHTMLとほぼ同等のものが出力されることになります。

bash

```
npx lighthouse \
  --chrome-flags="--headless" \
  --output html --output-path ./report.html \
  "計測したい URL"
```

前述通りCIで動作させるにあたりゴールとして目指したいのは、**出力結果を知り目標とする数値を超えていないか（もしくは下がっていないか）を検知して知らせること**です。CIの章でも触れましたが、コミュニティで公開されたアクションの中で探してみると、CIでの実行を目的とした`lighthouse-ci`※1を使ったアクション、treosh/lighthouse-ci-actionがすぐに見つかります※2。これを利用して解説していきましょう。

✚新しいワークフローを追加する

ワークフローの作成については前章でも触れました。GitHub Actionsではワークフローを物理ファイルで分けることができるので、今回は.github/workflows/lighthouse.ymlという名前のファイルを作成しワークフローを作成しました。

※1 GoogleChrome/lighthouse-ci: Automate running Lighthouse for every commit, viewing the changes, and preventing regressions - https://github.com/GoogleChrome/lighthouse-ci

※2 Lighthouse CI Action • Actions • GitHub Marketplace - https://github.com/marketplace/actions/lighthouse-ci-action

●yml

```
name: Measure Web Performance
on:
  # ① スケジュール実行
  schedule:
    - cron: '0 1,5,9,13,17,21 * * *'
jobs:
  lighthouse:
    runs-on: ubuntu-latest
    steps:
      - uses: actions/checkout@v2
      - name: Audit URL using lighthouse
        # ② 利用するアクション
        uses: treosh/lighthouse-ci-action@v3
        with:
          urls: 計測したい URL
          configPath: ./.github/workflows/lighthouserc.json
          uploadArtifacts: true
```

構文やフィールド名については前章でも触れていますので、今回初出のLighthouse向けのアクションについて解説していきます。

①のアクションの実行タイミングですが、ここではスケジュール実行を宣言しています。前章で扱ったGit上のアクションをフックにした連携ではなく、POSIXクーロン構文を利用したスケジュール実行を宣言します。

②では今回利用するアクションtreosh/lighthouse-ci-actionを指定しています。利用方法についてはwithキーワードで必要なパラメータを渡すだけです。サンプルでは記載していませんが、計測したいURL・設定・計測後のアーティファクトをActionsに保持する設定などをここでは行っています。

前述しましたが絶対的・単純なスコアを追いたいわけではありません。目的は目標とする数値を超えていないことを定期的に検知することです。特定のメトリクスや閾値の設定を`./.github/workflows/lighthouserc.json`に記述していきます。

json

```
{
  "ci": {
    "assert": {
      "assertions": {
        "total-blocking-time": ["error", {"maxNumericValue": 1000}],
        "interactive": ["error", {"maxNumericValue": 4000}]
      }
    }
  }
}
```

`ci -> assert -> assertions`といったフィールドにLighthouseが収集する任意のメトリクスと最大値の閾値を超えた場合にエラーとして処理する設定が記載しています。ここで必要になってくるのは、メトリクスと閾値になるでしょう。メトリクスについては今回はWeb VitalsでいうところのFIDのようにユーザー操作性のための指標をいくつか抽出しました。

`total-blocking-time`は冒頭でも紹介したメインスレッドがスクリプトによってどのくらいブロックされたかを計測したものです。指標については何度かサンプルを取る必要があります。その中で現状出せる妥当な数値を設定すると良いでしょう。この数値についてはlighthouseを手元で実行させる際に出力ファイルをJSONとした際のファイルから取得できます。このJSONにプロットされたメトリクスをもってlighthouseはスコアを算出するのです。JSON自体は膨大ですが、トップフィールドにある`audits`直下のフィールド名がメトリクスです。ここで必要となった`total-blocking-time`メトリクスは下記のような位置に存在します。

```
audits -> total-blocking-time -> numericValue
```

JSONファイルからメトリクスを抽出する

```
199    "total-blocking-time": {
200      "id": "total-blocking-time",
201      "title": "Total Blocking Time",
202      "description": "Sum of all time periods between FCP and Time to Interactive, when task length exceeded 50ms, expressed in
         milliseconds. [Learn more](https://web.dev/lighthouse-total-blocking-time).",
203      "score": 0.99,
204      "scoreDisplayMode": "numeric",
205      "numericValue": 162,
206      "numericUnit": "millisecond",
207      "displayValue": "160 ms"
208    },
```

また操作性のためにInteractive（Time to Interactive）と呼ばれる、ユーザーのインタラクション・操作が可能になるタイミングを計測します。※1 これも値はある程度サンプルをとって閾値の参考とするとよいでしょう。

計測がCIで行われると下記のようにActionsで動作します。閾値を超えてCIが落ちていることがわかります。ただCIで定期的に計測して閾値超えを検出しても、情報をプルするほかない状態では開発者に依存してしまいます。エラーの場合はSlackに通知するなどもうひと工夫入れることで検知のタイミングが早めることなどができそうです。

●Actionsにてエラーとして検出される

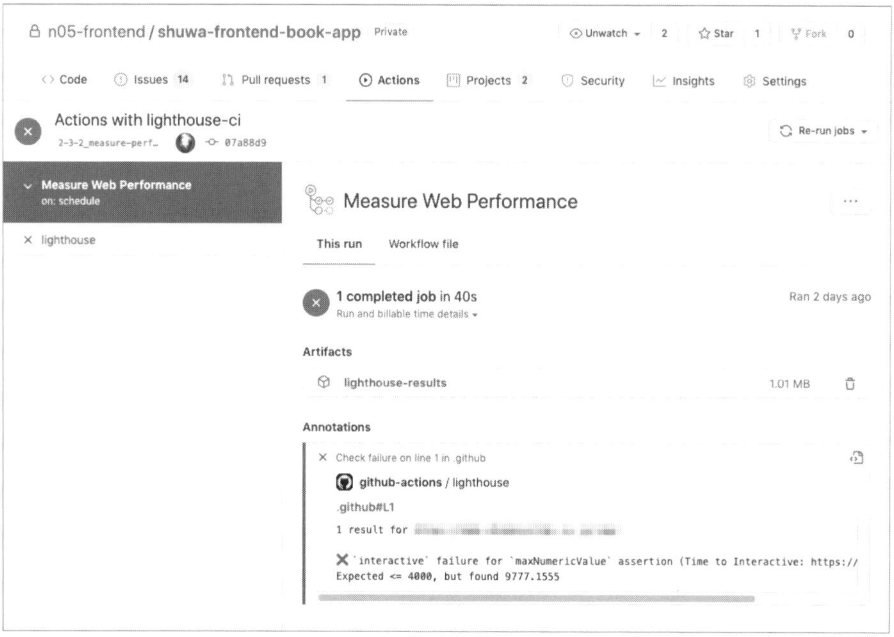

またこのアクションを使用した際に`uploadArtifacts: true`というアーティファクトのアップロードを設定しています。このアクションではこの設定をすることでGitHub Actionsで実行したLighthouseの結果レポートをHTML形式、JSON形式で保持します。先ほどの画面からダウンロードが可能ですので確認しましょう。

たとえば問題が上がってきた場合にHTMLを開いてその時のスナップショットから判断する、JSONを開いて問題のある数字を確認するなども可能です。

※1 Time to Interactive - https://web.dev/interactive/

ここではアクションをまたいだlighthouse-ciから実行しましたが、開発者ツールでトレース可能なレポート出力がほしい場合、lighthouseも可能です。CLIからは--save-assetsオプションが必要になります。report.jsonのほかにreport-0.trace.jsonというファイルが生成されるのでこれを開発者ツールで読み込ませると採取時のパフォーマンストレースが可能です。

bash

```
npx lighthouse \
  --chrome-flags="--headless" \
  --output json --output-path ./report.json --save-assets \
  "計測したい URL"
```

日々計測されたタイミングで目標値を超えた場合に検出するということが可能になりましたが、もっとプログラマブルにサンプリングしたい、値をどこかのデータソースにプロットしてビジュアライズして数値を追いたいということもあるでしょう。puppeteerと呼ばれるChromiumをヘッドレス（GUIなし）で動作させるツールとlighthouseを使って簡単にスクリプトを実装もできますのでCIでそのスクリプトを動作させてみるのもよいでしょう。

js

```
const fs = require("fs");
const puppeteer = require("puppeteer");
const lighthouse = require("lighthouse");
const url = "https://example.com";

const TBT = "total-blocking-time";
const INTERACTIVE = "interactive";

(async() => {
  const browser = await puppeteer.launch({args: [
    `--remote-debugging-port=8041`,
    "--no-sandbox",
    "--disable-setuid-sandbox",
  ]});
  const result = await lighthouse(url, {
    port: 8041,
    disableStorageReset: true,
  }, {
```

```
    extends: "lighthouse:default",
  });
  const { audits } = result.lhr;

  // 値をビジュアライズしたいデータストアにプロット ※ コードはあくまでサンプル
  await datasource.set(TBT, audits[TBT].numericValue);
  await datasource.set(INTERACTIVE, audits[INTERACTIVE].numericValue);

  // トレース情報を含んだ JSON を書き出し
  fs.writeFileSync(`./result.json`, JSON.stringify(result, null, 4));

  await browser.close();
})();
```

筆者はDatadogという監視やモニタリングのためのSaaSで数値をプロットして可視化しています。※1 上記のようなコードを定期実行させると以下のようにメトリクスを時系列で確認できます。

Datadogでビジュアライズする

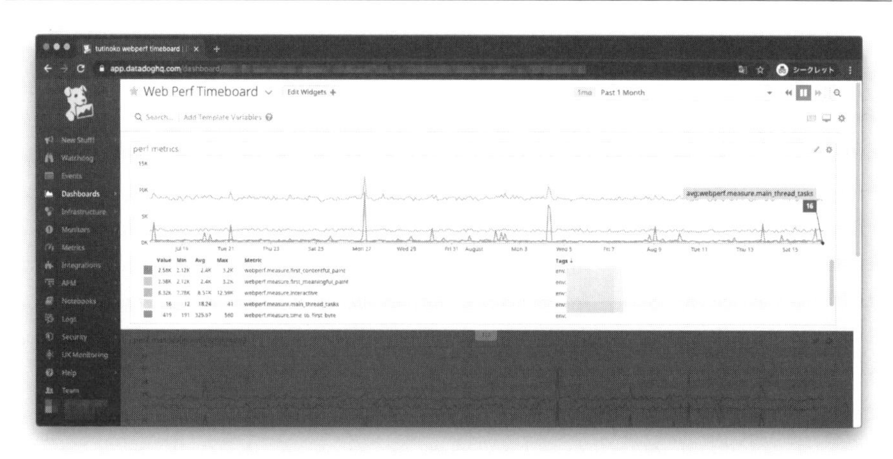

※1 Datadog と Lighthouse を利用したWebPerfの継続的計測 - https://ceblog.mediba.jp/post/186341145447/webperf-measuring-with-lighthouse-and-datadog

強力な武器はない、ひとにはひとのパフォーマンス

Webやフロントエンドのパフォーマンスでよく言及されることが多いLighthouseですが、あなたが関わるプロダクトやアプリケーションで実施した際に低いスコアを見て落胆する必要はありません。パフォーマンススコアだけに着目するのはあまり得策ではなく画一的な指標を鵜呑みにすると現実問題を覆い隠してしまいます。

スコアが高いに越したことはありませんが固執する必要はありませんし、あなたが途中で参画し担当することになったアプリケーションがすでにパフォーマンスの問題を抱えていることがあってもパフォーマンス改善を躍起になる必要もありません。どんなソフトウェアもすでにリリースされて稼働しており往々にしてユーザーは便利に使っていることがほとんどであるはずです。

もちろん新規開発に際して考慮しながら開発にあたるということでしたら別ですが、ビジネス上の制約や譲れない事情はどこにでも存在しておりスコアを犠牲にすることもあるでしょう。

仮にLighthouseでスコアが悪いのでやみくもになって改善し、パフォーマンスが良くなった、その結果ソフトウェアによってユーザーが得られる価値は何でしょうか。結果として価値が高まったとしてもプロジェクトで優先度の高い開発はほかにもあるはずです。

いくつか問題があることを把握できたのならば、チームで共有しどうやって対応していくかを検討しながらほかの開発と並行できるのが一番よいでしょう。もちろんチームが躍起にパフォーマンスを改善しようと決定するのならその限りではありませんが。

パフォーマンスはひとつの指標です。ビジネス数値との紐づきも強いと考えられますが、細かな数値の相関はソフトウェアにもよりけりで一概に答えを導き出すのは難しいものです。継続的な計測とできうる範囲での改善によって相関が見られるようになるのであればパフォーマンス改善にブーストもかけられるでしょう。

最初から強力な武器は存在しません。中長期的な取り組みであなたが関わるプロダクトにはプロダクトのやり方を模索していきましょう。

Part 3 応用編
より深く学ぶために知る

解析とモニタリング

プロダクトが伸長していくにあたって必要なことはなんでしょうか。開発するにあたってはユーザーの課題を解決するという目的もあるでしょうし、ユーザーに利便性をもたらせるという目的もあるでしょう。ただし開発した機能がどのように使われているか、もしくは使われていないか、解析によって得られる数値やデータを追いかけなければ改善し続けることも難しいはずです。そしてユーザーの動向を解析しながら伸長していくにあたって、ニーズやマーケット調査のために小さな機能や検証のためのテストを繰り返しリリースしていくこともあるでしょう。

またアプリケーションは必ず正常に動作するとは限りません。あなたが、もしくはチームが意図しないタイミングで、ユーザーのブラウザ上でエラーを出している可能性もあるのです。多くのユーザーに快適にブラウジングしてもらうために、フロントエンドのエラーを検知し解決に役立てることもアプリケーションが成長していくことには必要そうです。

本章では解析やエラーイベントの検知といった観点からアプリケーションを運用するにあたって必要なSaaSを採り上げます。導入方法だけではなく実践的なコードを含め、SaaSの利用方法にとどまらずプロダクトの成長に寄与できるポイントを解説していきます。

Section
8-1
Front-End

サービスの成長とともに開発する

サービス運営を伴う事業をもった組織へ所属するにせよ、受託開発で顧客に求められた要件を含んだ開発へ従事するにせよ、どのような開発の現場であれ保守や運用というフェーズは必ずやってきます。むしろ新しくプロジェクトに参画するケースにおいて、機能追加の施策はあるにせよ、ほとんどはすでにリリースされたプロダクトの保守・運用ということがほとんどでしょう。

保守・運用を言葉どおりの意味としてとらえてしまうと、リリースされたプロダクトが壊れないように・障害が発生しないように、バグを修正したり瑕疵対応を行うようなイメージを持ってはいないでしょうか。納品・リリースが開発のゴールであるというプロジェクト以外では、「保守・運用」からそういった印象を払拭し、「プロダクトやサービスを成長させていくフェーズ」と考えてください。新しい技術を投入しぶつけるチャレンジングな新規開発だけが開発の花形ではありません。運用する中でプロダクトをグロースさせていくということを避けてエンジニアを続けるということも難しいはずです。

サービスには利益に準ずるような数字や組織目標に紐づく数字がつきものです。開発者のみならずチームは目標値のために貢献する姿が望ましいと筆者は考えます（もちろんそれだけが開発を進める動機づけとは言いませんが、職能をまたいだチームでは目標値は本当に重要なものです）。目標値へどの程度近付いているのかは定量的に測られることも多く、「ユーザーが想定した行動を行い目的を果たすことができてプロダクトが価値を提供できているか」を任意の指標から数字として可視化するケースがほとんどです。そういったデータを可視化するために、計測するしくみとして解析ツールやABテストが導入されることは多くあります。クライアントサイドにおけるブラウザ上へ導入するにあたり、フロントエンドエンジニアは計測のための実装や、ABテストを実現するための実装を責務としていることもあるでしょう。

本章ではリリース後にサービスを伸長していくにあたって仮説検証とは何なのか、ABテストを行う目的とは何なのかを解説した後に、開発の現場でよく導入される具体的なツールを取りあげます。解析にGoogleアナリティクスを、ABテストツールとしてオプティマイズを取りあげ、実際に利用するにあたって必要な手順を踏みます。その後、Part 2でも取り上げたReactを利用したプロダクトコードにどう実装していくかのサンプルを例示しながら、最後に導入にあたり解析を含んだサードパーティスクリプトとパフォーマンスとの兼ね合いについて簡単にまとめます。数値をどう見ていくかはプロダクトによる部分も大きいため、数値を見るために前提としてどう実装に組み込むかを中心に解説していきます。

仮説検証、ABテストの目的

リリースされすでにユーザーに利用されているプロダクトの伸長はリリース後の運用にかかっているということは前述のとおりです。どういったプロセスを踏んでリリースされているかの前提は組織によって違いますが、必ず想定ユーザー層や対象となるターゲット層は存在します。そういったユーザー像に仮想人格（ペルソナといった名前で呼ぶことも多い）を設定し、ペルソナを利用して施策の議論や価値提供の優先度を考えるチームは少なくないでしょう。

想定したペルソナに対して優れたユーザー体験・価値を提供することで、最終的な目標値（＝ビジネスゴール）をクリアしていくにあたり仮説を立て、価値たりえるかを数字で評価していくことが仮説検証と言えます。仮説検証にはプロトタイピングを利用してユーザビリティテストを行い評価していく場面もありますが、ここではすでにリリースされたプロダクトにおける仮説検証についてお話します。

ECサイトの「カート投入率」を測るために、バックエンドにあるデータベースからSQLでデータを引いてくるバッチ処理を開発することがあるとします。ただしビジネスサイドのオーダースピードによっては開発が追いつかないということも考えられます。また必ずSQLを必要としてしまうと、どうしてもデータベーススキーマを理解した開発者にコストがかかってしまいフットワークが重くなってしまいます。
こういった数値の採取をブラウザで完結させるために解析ツールを選択します。導入は開発者の実装も必要ですが、グラフや解析を目的としたSaaSを選択すれば開発者に限らず閲覧できるだけでなく、ユーザー接地面にデータを持つことで定量的に効果測定を行うことが実現できるのです。

こういった解析ツール導入により目標値へ向かうためにユーザー行動をある程度可視化できます。また目標達成のために、ペルソナから推察される行動を考え仮説を立て、短いイテレーションで立証していくために、ABテストが有効になってきます。

ABテストとは通常パターンの利用シーン、テストパターンの利用シーンをユーザーに提供することで仮説を立証し評価していくための、マーケティングにおける調査や試験の一種です。仮説を成立させるための前提条件にもよりますが、ブラウザ上のGUIにおけるパターンや組み合わせで立証を行うことが多く、フロントエンドに大きく紐付いていると言っても良いでしょう。

ではなぜそういった仮説検証が重要になってきているのでしょうか。

Part 1でも少し触れたように開発というとサービスや製品は長期的な開発を終えてリリースもしくはパッケージとして販売されるウォーターフォール型の開発がほとんどでした。そうなると次のバージョンの開発フェーズまで時間がかなり空いてしまい利用者やユーザーへの価値提供をすぐ行えないという不利な状況が生まれてしまいます。
たとえ開発力があったとしてもリリースしたら高い評価を得られるものではなかった、その後のリリースは1～2年後である、という状況は不確実性をもった市場やデジタルソリューションが目まぐるしく変化する時勢や複数の競合他社が存在する場合、あまり有効な手段とは言えないでしょう。

つまり、作りきって終了・リリース後は保守フェーズであるという考え方から、昨今では早い段階で失敗を繰り返し再評価を繰り返すことで価値を提供するしくみやプロセスが大きく求められており重要視されています。UIや使い勝手、操作性など顧客接点における価値となりえるものをすばやくユーザーに届け仮説検証を行うことをここでの解析・ABテスト実施の目的とします。

ツールの導入：Googleアナリティクス

計測のためのスニペットを導入するだけでデータの可視化や計測がいちはやく手に入れられるものとして、Google アナリティクスが挙げられます。本章ではこちらの初期導入から実装への適用までを紹介します。アナリティクスはGoogle マーケティングプラットフォームのいちプロダクトという位置付けです。
Googleマーケティングプラットフォームには ABテスト導入に際して以降で紹介するオプティマイズだけではなく、データを可視化しレポーティングするBIツールを含んだデータポータルというプロダクトも含まれています。ほかにもプロダクトは存在しますので、興

味があれば見てみるとよいでしょう。[※1]

Googleアナリティクスは無償で利用可能ですが、アナリティクス360と呼ばれる有償版も存在します。2つは違いこそありますが、初期導入に際しては無償版を利用しても問題ないでしょう。違いについて代表的なものは下記のようになります。

項目	アナリティクス360（有償版）	アナリティクス（無償版）
データ量制限	なし	あり
プロパティあたりのカスタムディメンション数	合計200個	合計20個
Google BigQueryとの連携	あり	なし

※無料版と有料版（大企業向け）の比較 - Google アナリティクス 360
https://marketingplatform.google.com/intl/ja/about/analytics-360/compare/

データ量ですが、解析の数字が1000万ヒットを超えてしまうと無償版では以降のデータ処理は保証されません。またカスタムディメンションと呼ばれるものにも制限があります。アナリティクスではUserAgentからOSやブラウザなど、IPからある程度の地域など、元から解析できるデータが存在します。
しかしサービス由来になるようなユーザーの属性（ログイン、未ログイン、会員ステータスなど）はもちろん属性として存在しません。こういった属性をカスタムディメンションとして追加が可能になりますが、有償・無償では作成できる数に違いが出てきます。またBigQueryと呼ばれる、Google Cloudのプロダクトにおけるデータウェアハウス SaaSプロダクトとの連携が可能になるかどうかも大きな違いです。兆といった単位のデータ量からSQLを発行しデータセットから、アナリティクスでは抽出が難しいデータも取得可能になります。

Googleアナリティクスの導入について手順を追って紹介しますが、関わるプロダクトによってはすでに導入済みであるケースも多いでしょう。初期導入に際して設定する項目はそれほど多くありませんので、ここでは無償版を例にして見ていきます。

※1 Google マーケティング プラットフォーム - 広告と分析の統合 https://marketingplatform.google.com/intl/ja/about/

✚アナリティクスの利用登録

利用に際してはGoogleアカウントの開設が必要になります。アカウント自身の開設は省略し、下記URLからアナリティクス利用のサインアップを行っていきましょう。

https://analytics.google.com/analytics/web/?authuser=0#/provision/SignUp

手順通りに従い進めます。1.アカウント名を入力後、2.今回はWebを選択しましょう。3.最後にウェブサイト名、URL、タイムゾーンなどを指定して入力可能です。これだけで準備は整うので簡単に始められるのが分かるでしょう。

1.アカウント名の入力

2. プラットフォーム選択

3. プロパティ詳細の入力

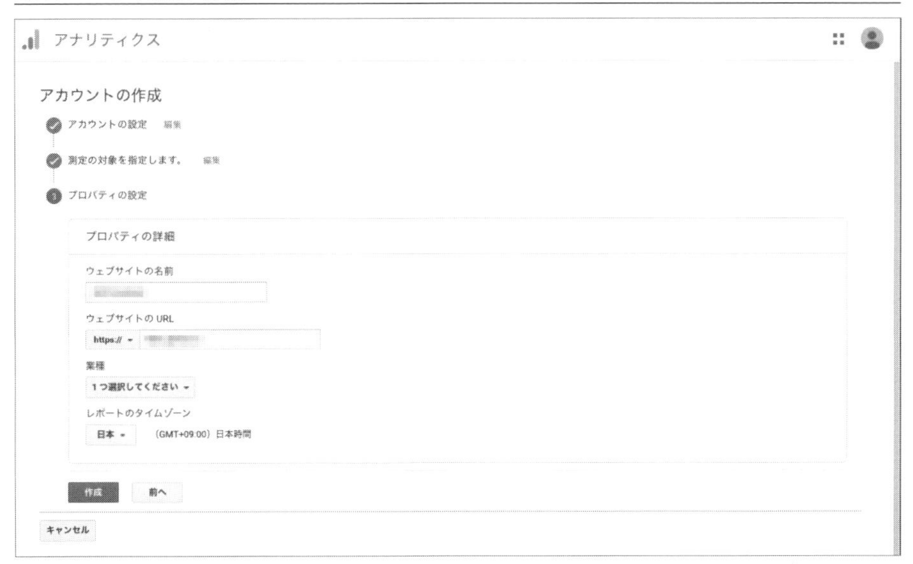

✚計測のためのトラッキングコード

ここまで進めていくと画面はトラッキングコードをコピーする画面になります。

トラッキングIDと導入のためのスニペット

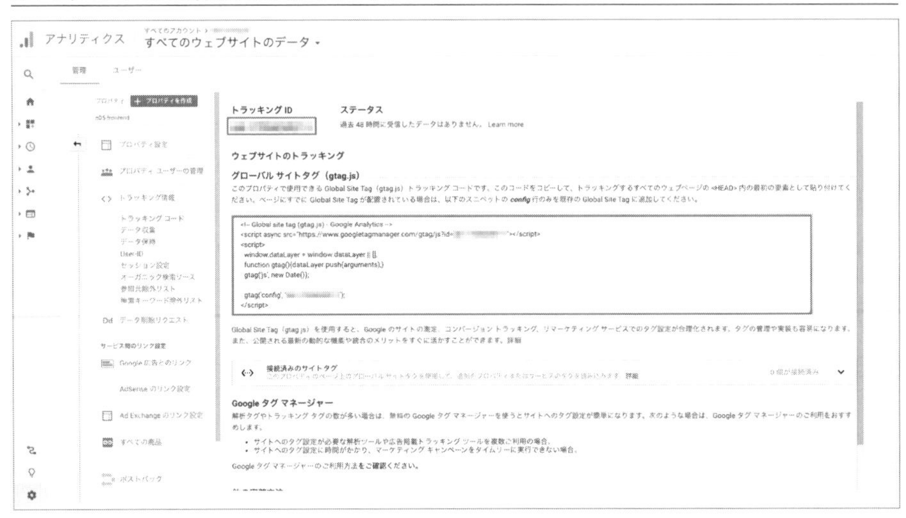

html

```
<!-- Global site tag (gtag.js) - Google Analytics -->
<script async src="https://www.googletagmanager.com/gtag/js?id=YOUR_TRACKING_ID"></s
cript>
<script>
  window.dataLayer = window.dataLayer || [];
  function gtag(){dataLayer.push(arguments);}
  gtag("js", new Date());
  gtag("config", "YOUR_TRACKING_ID");
</script>
```

基本的な初期導入に際しては画面に表示された上記のコードをコピーしHTMLに実装すれば問題ありません。YOUR_TRACKING_IDと書かれた場所にはあなたのトラッキングIDが入るでしょう。開発環境のURLでもかまいませんので設定しさえすればリアルタイムのレポート画面で数値が上がってくるのを確認できるはずです。

⊗開発環境で実装しリアルタイムでの数値を確認

＋イベントを計測したり属性を追加したりする

上記までの手順によってすでにアナリティクスで計測するしくみは完了していますが、ここまで実現したのはページビューとユーザーに付随するいくつかの属性をアナリティクスに送ることしかできていません。アプリケーションが利用されるページのライフサイクルにもよりますが、実際には「カートに追加する」「さらに読み込む」などのユーザーアクションの計測が必要になってくるので別途イベントを送信する必要があります。

ユーザーアクションに紐づくイベントを送信する方法はアナリティクスのヘルプにも記載はありますが、ここでも少し紹介しましょう。※1

⊗js

```
gtag("event", "ここにアクション名", {
  "event_category": "ここにカテゴリ名",
  "event_label": "ここにラベル名",
  "value": 0 // 0 以上の整数である必要があります
});
```

上記のようなgtag関数にはすべてが必須ではありませんが、パラメータを追加可能です。アクション名＝ユーザーアクションを示すわかりやすい単語を指定します（例：

※1　Google アナリティクスのイベントを測定する | ウェブ向けアナリティクス（gtag.js）| Google Developers https://developers.google.com/analytics/devguides/collection/gtagjs/events

add_to_cart)。カテゴリ名はどういった種類のアクションかわかりやすいとよいでしょう(例:ecommerce)。ラベルにはボタンなどのラベルを追加してもよいでしょう(例:カートに追加する (商品下))。値は整数値である必要があります。付随する数値があれば利用してみるとよいでしょう(例:カート投入後の品数が3ならvalue: 3など)。これらを実行するとイベント送信は完了です。リアルタイムのレポート画面やブラウザの開発者ツールでも下記のように確認が可能です。

❸アナリティクス

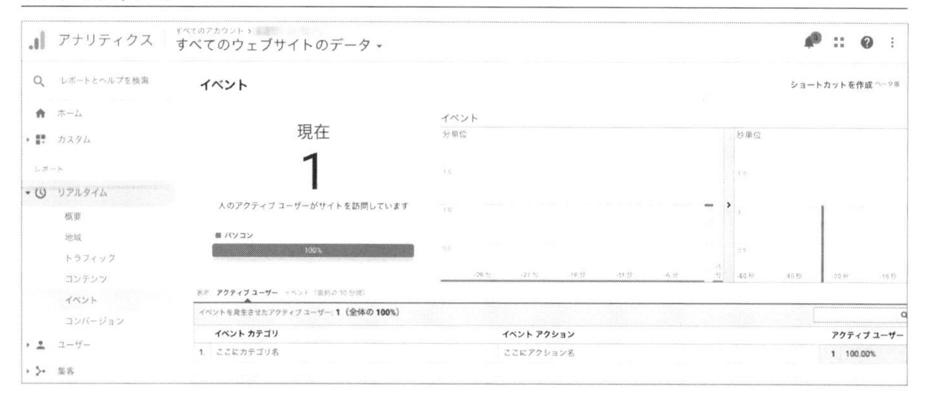

❸開発者ツール

実際にイベントを送信する場合はコード上に変更を加えることになりますが、具体的にgtagと呼ばれる関数を呼ぶよりはラップしたようなイベント送信用の関数を用意したほ

うが得策です。仮に別の解析・計測ツールに差し替えたときも影響は少なくて済みます。

また有償版・無償版の違いでも登場したカスタムディメンションについても少しだけ触れます。カスタムディメンションを利用するシーンとしてはユーザーの属性を計測に追加したいなどの要件を満たす場合に有効です。これらはアナリティクスから設定し、イベントとしてアナリティクスにコードから送信する必要があります。

先にアナリティクス側の設定になりますが、管理メニューのプロパティ周りの変更から**カスタム定義**という項目を選択します。余談ですが、アナリティクスはアカウントを複数持つことが可能でアカウントには複数のプロパティを持つことができます。※1 アカウントを組織とするとプロパティは複数のWebサイト・アプリと考えるとよいでしょう。サービス1つに対してプロパティは1つ払い出される必要があります。またプロパティにはデフォルトですべてのWebサイトのデータというビューが付帯します。ほかにもフィルタした複数のビューをプロパティ1つに対して持たせることが可能です。

1 2 3 4 5 6 7 Part 3 Chapter 8 9

設定画面

※1 組織、アカウント、ユーザー、プロパティ、ビューの階層構造 - アナリティクス ヘルプ https://support.google.com/analytics/answer/1009618?hl=ja

カスタムディメンション設定値

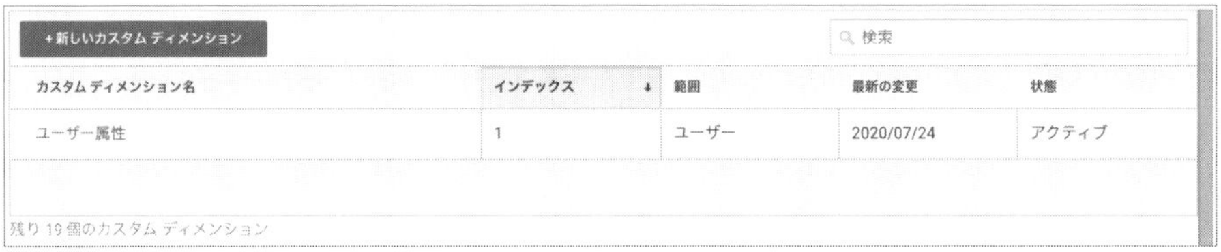

+新しいカスタム ディメンション　　検索

カスタム ディメンション名	インデックス	範囲	最新の変更	状態
ユーザー属性	1	ユーザー	2020/07/24	アクティブ

残り 19 個のカスタム ディメンション

ここでは名前をユーザー属性として、範囲をユーザーとして設定しています。前述にもあるとおり無償版ではこのスロットは最大でも20までしか持つことはできませんのでご注意ください。このインデックス1に設定されたカスタムディメンションを実装から送信するにはどうすればよいでしょうか。アナリティクスの最初のコードまで戻りコードを追加しましょう。※1

html

```
<script>
  window.dataLayer = window.dataLayer || [];
  function gtag(){dataLayer.push(arguments);}
  gtag("js", new Date());
  // gtag config にて custom_map を設定する
  gtag("config", "YOUR_TRACKING_ID", {
    "custom_map": { "dimension1": "user_status" }
  });
</script>
```

gtag関数の引数にcustom_mapというプロパティを持ったオブジェクトを指定しています。オブジェクトには先ほどアナリティクスで設定したdimension1にuser_statusという名前をマッピングすることを明示しています。この設定後に、コードからイベント送信を使ってユーザー属性値を送る必要があります。

js

```
gtag("event", "set_user_status", {
  "user_status": "会員：ログイン"
});
```

※1　gtag.jsを使用したカスタムディメンションとカスタム指標 | ウェブ向けアナリティクス（gtag.js）https://developers.google.com/analytics/devguides/collection/gtagjs/custom-dims-mets

set_user_status というイベントとして送信していますが、会員：ログイン という値がdimension 1にセットされアナリティクスへ送信されています。ブラウザの開発者ツールでも確認しましょう。

アナリティクス

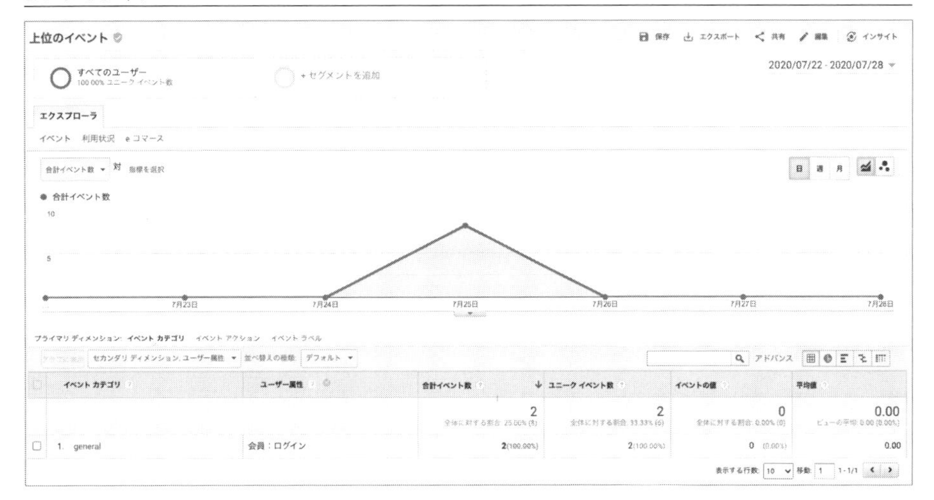

開発者ツール

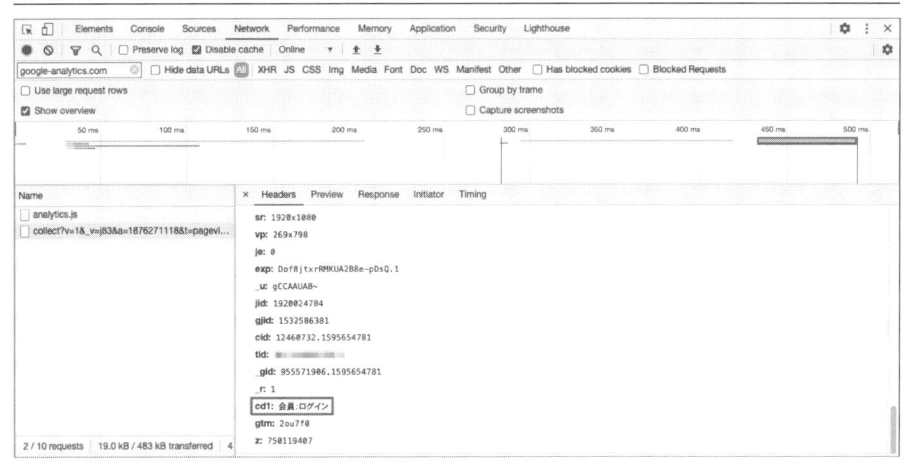

以上がアナリティクス導入までになります。後半イベント送信とカスタムディメンションを利用したユーザー属性の送信まで説明しましたが、通常の計測に関してはそこまで難しいことを要求されるわけではありません。重要なことはアクション名やカテゴリ、ラベル名などをチームで設計し、メンバーが共通理解を得ることが必要です。これらを通し

て我々はサービスの成長へ関わることになるのですから。

ツールの導入：Googleオプティマイズ

次にアナリティクスと連携することで目標値を追いかけやすいABテスト用のツール、オプティマイズの導入について解説します。アナリティクスと同じく、Googleマーケティングプラットフォームのいちプロダクトになります。

オプティマイズもアナリティクス同様で無償版のオプティマイズと有償版のオプティマイズ360が存在します。違いはいくつかありますが、多変量テスト（要素のバリエーションテスト）や同時に実行できるテスト数が違ったり、SLAの基準値が存在したりするという点になっています。ここではアナリティクスと同様に無償版で開設を進めます。下記URL、もしくはアナリティクスから移動できるリンクもあるのでそちらから利用を始めましょう。

https://optimize.google.com/optimize/home/

アナリティクスの画面上部からオプティマイズが選択可能

オプティマイズの初期画面からテストを簡単に開始できます。まずはABテストの名前を決めましょう。

ABテストの名前を決める

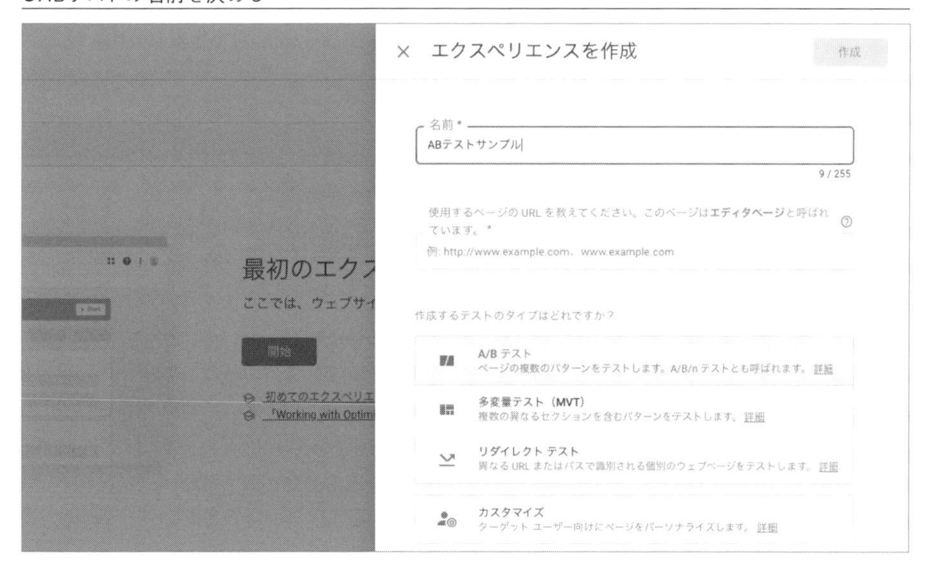

テストタイプといったものを選択可能です。ここではABテストを実施するため「ABテスト」を選択します。ほかにもリダイレクトテストや組み合わせによる多変量テストも可能ですので興味があれば調べるとよいでしょう。実際にこのままテストパターンなどを設定していくのですが、設定すると知らずのうちにコンテナIDといったものが割り振られています。

あなたが利用するコンテナIDを確認する

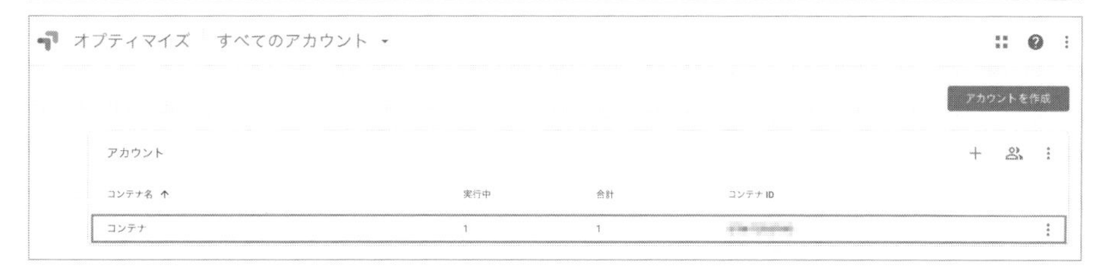

サイトひとつにつきコンテナIDがひとつ割り振られますが、このIDはのちほど利用しますので忘れないようにしておいてください。

次にパターン追加へ進みます。わかりやすい名前でパターン名を追加していくだけです。ただパターンには必ずオリジナルというパターンが含まれます。ABテストにおいてコントロールグループと呼ばれる通常のパターンを表示することで結果を比較するうえで基準となるデータも収集します。このデータがないと、デザインや季節的な条件やそのほかの要因でユーザーが反応したかどうかを区別できないのです。

テストパターンを作成する

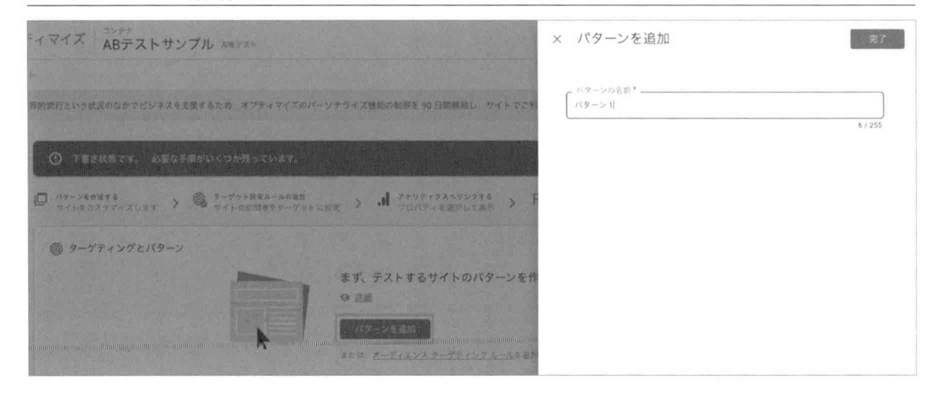

次に先ほどでてきたアナリティクスと紐付けを行います。紐付けを行うのはプロパティです。同じアカウントで作成したはずなのでこの選択画面には設定したプロパティが列挙されるはずです。

アナリティクスで作成したプロパティと紐付ける

次にこのABテストを評価するための目標を設定します。ページビューやセッション・直帰率といったものが指定できますが、アナリティクスと連携が可能ですのでカスタム目標というものを設定してみましょう。下記はアナリティクスに送信可能なイベントのアクション名のマッチで設定している様子です。

❷アナリティクスに送信されるイベントを指定する

あとは「テスト開始」を実行するだけですが、実コードに何も反映していません。アナリティクスでコードを追加したようにHTMLへコードを追加しましょう。

❷html

```
<!-- Anti-flicker snippet (recommended)  -->
<style>.async-hide { opacity: 0 !important} </style>
<script>(function(a,s,y,n,c,h,i,d,e){s.className+=' '+y;h.start=1*new Date;
h.end=i=function(){s.className=s.className.replace(RegExp(' ?'+y),'')};
(a[n]=a[n]||[]).hide=h;setTimeout(function(){i();h.end=null},c);h.timeout=c;
})(window,document.documentElement,'async-hide','dataLayer',4000,
{"OPTIMIZE_CONTAINER_ID":true});</script>

<script src="https://www.googleoptimize.com/optimize.js?id=OPTIMIZE_CONTAINER_ID" on
error="dataLayer.hide.end && dataLayer.hide.end()"></script>
```

OPTIMIZE_CONTAINER_IDには先ほどのコンテナIDを入れて利用します。2番目のブロックであるscriptタグが同期的に実行するため今は必要とされませんが、以前は非同期で実行されていたため、過去には1番目のブロックのようなアンチフリッカースニペットと呼ばれるものも実装していました。非同期で実行するケースではブラウザが画面をペイントした後にオプティマイズの非同期処理が完了しDOMの更新をしていたため、画面のちらつきが生まれてしまいます。それを防ぐ目的で導入されていたものです。

今は同期処理となっているようですので、クライアントレンダリングやDOMが画面に反映されるタイミングとの兼ね合いで削除してもよいでしょう。そういった場合は単純にscriptタグを実装します。

html

```
<script src="https://www.googleoptimize.com/optimize.js?id=OPTIMIZE_CONTAINER_ID"></
script>
```

これでテストを開始してABテストは完了です。はて何もテストを始められる状態ではないぞと感じた読者も多いでしょう。実際にはオプティマイズ側では振り分けは完了しています。オプティマイズから振り分けが完了したかはブラウザの開発者ツールでCookieを見てみましょう。_gaexpといったキー名のCookieの値末尾を見てください。1となっていればパターン1に振り分けられています。0であればオリジナル、パターンが増えれば値はインクリメントされていくしくみになっているようです。

Chrome開発者ツールのApplicationタブでCookieを確認する

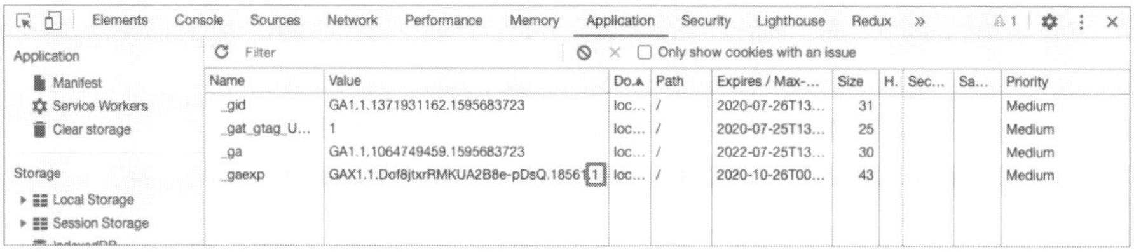

オプティマイズでは管理画面からGUIによるUIパターン変更やスタイルの追加によるUI変更が可能ではあるものの、テストパターンのUIを作ることはフロントエンドの実装になってきます。以降ではPart 2で取り上げているReactにおけるオプティマイズとの組み合わせを実装していきます。

プロダクトコードに組み合わせる

Reactにおけるオプティマイズのテストパターンの実装方法はいくつかあります。オプティマイズとの連携を計らったコンポーネントライブラリを選択することも可能ですが、ここではReactのHooks APIを利用した実装方法を、サンプルコードをベースに解説します。まずはテストのために利用するコードの全貌です。

js

```
import React, { createContext, useState, useEffect, useContext } from "react";

// ① オプティマイズの初期値と React Context API を宣言
const optimizeInitialValue = "0";
const OptimizeContext = createContext(optimizeInitialValue);

// ② オプティマイズのパターン値を
// 下層で利用するためのコンテキストプロバイダー
export function OptimizeProvider(props) {
  const [value, setValue]  = useState(optimizeInitialValue);
  useEffect(() => {
    let rAfId = 0;
    function detectOptimizeValue() {
      if ("google_optimize" in window) {
        rAfId = window.requestAnimationFrame(detectOptimizeValue);
        window.cancelAnimationFrame(rAfId);
        setValue(window.google_optimize.get("YOUR_TEST_ID"));
        return;
      }
    }
    rAfId = window.requestAnimationFrame(detectOptimizeValue);
  }, []);
  return (
    <OptimizeContext.Provider value={value}>
      {props.children}
    </OptimizeContext.Provider>
  );
}

// ③ コンテキストのパターン値を利用するコンテキストコンシューマ
export function OptimizeVariant(props) {
  const testValue = useContext(OptimizeContext);
  if (testValue === props.value) {
    return <>{props.children}</>;
  } else {
    return null;
  }
}
```

順に解説しましょう。①ではオプティマイズでの初期値、つまりオリジナルパターンを表現する値0を初期値として、Reactコンテキストを作成します。このコンテキストがオプ

ティマイズのためのProviderを提供します。※1

②ではProviderを実装します。内部でやっていることは`window.google_optimize.get("YOUR_TEST_ID")`というオプティマイズが提供するパターン値を取得するための関数を実行したいため、`window`オブジェクトに必要なプロパティである`google_optimize`が存在するかを再帰的に確認しています（前述のとおり同期的に取得可能なケースでは必要ありません）。その後、Providerはvalueにパターン値をセットして下層におけるConsumerへテストパターン値を配ることが可能になります。`YOUR_TEST_ID`とした部分ですがオプティマイズのテストパターンから引いてくることが可能です。オプティマイズのテスト一覧から必要なテストIDを持ってきましょう。

テストIDを確認する

③ではテストパターンを振り分けるため、コンテキストを使うためのHooks APIである`useContext`を利用しています。※2 このHooksを利用することで、コンテキストの提供するConsumerコンポーネントを指定せずにコンテキストの値を取得できます。ここでのコンポーネント`OptimizeVariant`は単純に`value`というpropsとコンテキストから受け取ったテストパターン値を比較して表示するか非表示にするかを判定しているに過ぎません。

これらを組み合わせるとコンポーネントはUIと振り分けが宣言的になります。

※1　コンテキスト - React https://ja.reactjs.org/docs/context.html

※2　フックAPIリファレンス - React https://ja.reactjs.org/docs/hooks-reference.html#usecontext

jsx

```jsx
function App() {
  return (
    <OptimizeProvider>
      <OptimizeVariant value="0">
        <p>オリジナル面として表示される</p>
      </OptimizeVariant>
      <OptimizeVariant value="1">
        <p>テストパターンの1つ目として表示される</p>
      </OptimizeVariant>
    </OptimizeProvider>
  );
}
```

複数テストを実行したいケースではもう少し考えることが増えますが、しくみは同じまま実行可能です。重要な点はオプティマイズで導入されるスクリプトが同期処理を終えているので、Reactが実行される段ではすでにテストパターンが決定しています。ブラウザにDOMをアタッチしペイントが始まるタイミングでは、テストパターンが反映された状態でユーザーには画面を提供できるのです。

サードパーティスクリプトとの兼ね合い

ここで紹介したようなアナリティクス、オプティマイズといったツールによって別ドメインのスクリプトが呼び込まれます。サードパーティースクリプトなどと呼ばれることもあります。リリース後のプロダクトやサービスを伸長していくにあたりこういったソリューションを導入していくことは多く、導入に際して相談を受けることもあるでしょう。

今回のユースケースではアナリティクスやオプティマイズを導入するポイントを解説しましたが、クライアントパフォーマンスにはいくらか影響が出ることは注視しなくてはなりません。たとえばオプティマイズの同期的な処理が長引いた場合どうでしょうか。通常オプティマイズやアナリティクスのコードはHTMLのhead部分に記述されることが多く、同期的な処理が長引いてしまうと画面の描画をブロックしかねません。

ユーザーに価値を提供したいのにいざABテストを実施したら価値を下げることになってしまうということを避けるためにも、導入に際しては細心の注意を払っておくべきです。知らないうちに導入が決まっていることがないようにチームで合意をしておくことも重要です。

また導入によって数値の影響が出ないこと、実際の振り分けが行われることをABテスト前に実施することも有効です。こういったテストはAAテストと呼ばれます。ツール導入自体の影響で結果が変わらないことを担保するのも必要なのです。

もしプロダクトで解析や分析のためにサードパーティスクリプトを含んだツールの導入を検討しているようであれば、早い段階で懸念事項を洗い出したり実際に組み込んで得られた結果の提供などを行ったりすることもフロントエンドエンジニアの責務といってもよいでしょう。

Section 8-2 ユーザーモニタリング・エラーイベント監視

Front-End

ソフトウェアの障害は突然起きます。障害の多くは開発フローで検知できなかった考慮漏れやエッジケースであるため、突発的に発生するのです。またリリースは稼働中のシステムを止めずにアプリケーションのデプロイを行うことがほとんどです。特にフロントエンドの場合はデプロイされる対象ファイルにCSSやJavaScriptなどのアセットファイルを含みます（バックエンドフレームワークを採用しているアプリケーションであればテンプレートファイルが含まれることもあるでしょう）。一般的にこういったCSS、JavaScriptなどのアセットファイルによるリリース影響は少ないと認識されがちであるというのが筆者の感じているところです。

しかしながらフロントエンドを起因にした障害が起きないとは言い切れません。たとえば以下のような障害について考えてみましょう。

1. バックエンドAPIとの不通により表示が不可能である
2. Submitボタンのダブルポストによる不正データの作成やオペレーションミスの誘発
3. ブラウザの戻るボタン押下後、ブラウザキャッシュ表示で不正な画面が表示されてしまう

1のケースでは画面の組み立てをフロントエンドで担っているにもかかわらず、不通時の画面考慮がなされていないケースなどが該当します。例外や異常系の考慮をなされず設計された画面は脆く、何か問題が起きた場合にすぐ壊れます。どこまで堅牢にするかは設計次第ではありますが、クライアントサイドにおける画面表示においてAPIへのリクエストを要する場合は考慮すべき内容でしょう。

2においてはSubmit押下後にボタンをフロントエンドの実装から非活性状態（disable属性の付与など）にすることでユーザーの操作を制御できた可能性もありますが、バックエンドでも不整合が起きていた場合はフロントエンドだけではなくサーバサイドにも考慮漏れがあったと言えるでしょう。画面における操作性や操作ミスを防ぐためのUI考慮は機能要件からも漏れやすいものでもあります。

3についてはブラウザが直前の履歴の画面をリフレッシュすることなく表示されたため、不正な画面を表示されてしまったというケースです。適切なCache-Controlヘッダが考慮されない場合、ブラウザはネットワークによる転送を行わずレスポンスのローカルコピーを利用してしまうという場合があります。またCDNといった中間キャッシュを利用しているケースではまた別の考慮が必要でしょう。

また、アプリケーションの動作をフロントエンドが大きく担っているケースではリリースのリスクは高まります。特にクライアントサイドでのDOM構築を行うような、ここまで紹介したReactやVueをはじめとしたライブラリでは、ブラウザでJavaScriptのランタイムエラーが起きた場合に考慮がなければ画面を構築できません。画面に何も表示されないままユーザー操作が不可能といった場合、機能や表示にかかわらずユーザーの不利益を直接引き起こしているという点で責任や代償は大きいと考えたほうがよいでしょう。

安全・確実にリリースすることや高い品質のサービスをユーザーへ届けることは価値ですが、あなたが明日車に轢かれて事故死する確率がゼロではないのと同じように、ソフトウェアには障害が起きないという確率もゼロではありません。重要なことは稼働し続けるシステムを止めることなくリリースする、いわば空中を飛んだまま飛行機を修理し機能追加していくという状況の中で、障害や問題をリアルタイムで検知するしくみが必要になってきます。

バックエンドやインフラにおいてはサーバリソースの監視・モニタリング・ログレベルを含んだ閾値超えの検知など、システムの異常を捕捉するプラクティスやSaaSは存在します。フロントエンドはどうでしょうか。障害の判明契機がカスタマーサポートであるなどリリースしてから時間をおいた状況であれば、ユーザーにサービスを提供できない時間を作ってしまった、ということになります。特にフロントエンドでは、OS・ブラウザによる組み合わせで問題発生時の再現が難しい場合もありえますし、特定のデバイスでのみしか再現しないということもざらにあります。そういった情報を含めてユーザー接地面で何が起こるかすべてをモニタリングすることは難しいですが、少なくともブラウザにおけるエラーイベントをリアルタイムで拾い上げれば1のようなケースやアプリケーションの主体がフロントエンドによっているケースで十分効果を発揮できそうです。

本章ではユーザーがどういった環境に取り囲まれているか、そしてブラウザを通してエラーイベントや例外を受けること、ユーザーの状況をどう知ることができるかについて解説します。またそういったエラーイベントの収集のためのSaaSであるSentryを実際に利用して、どうアプリケーションの成長や改善に役立てるかを説明していきます。

ユーザーを取り巻く環境を知る

ユーザーがサービスを利用する際どういった状況にあるか、想定できているでしょうか。まずは物理的な場所はどうでしょう。自宅からWi-Fiを利用し安定したネットワークでブラウジングしていることもあるでしょうし、移動中の電車や地下鉄ということも考えられるでしょう。ユーザーの物理的な場所や利用する通信帯域をはじめとしたインフラ状況が必ず同じとは限りません。開発中のあなたのブラウザがすべてのユーザー利用状況ではないことは常に念頭に置きましょう。ブラウザの開発者ツールにはネットワーク状況をエミュレートする機能が備わっている場合もあります。ネットワークが細い環境においてアプリケーションがどう見えるか、実際に試してみることでユーザーのネットワーク状況を想定するきっかけになるでしょう。

Chrome開発者ツールでNetworkタブを開いて帯域のエミュレートが可能

　またユーザーがブラウジングするOSやブラウザには多種多様なものがあります。OSであればWindows、macOS、Linuxなどがありますし、ブラウザもChromeやEdge、Safari、Firefox、Internet Explorer 11だけではありません。昨今ではプライバシー保護の思想を色濃く持つBraveといったChromiumをベースにしながら別の機能を持ったブラウザも存在します。そしてブラウザはバージョンによってHTMLやCSS、そしてJavaScriptの実装状況は異なるというのはPart 1でも触れてきたとおりです。
ブラウザに実装されていない構文をJavaScriptに使用している場合はランタイムエラーが出ますし、サービス提供において対象となるブラウザバージョンで起こすわけにはいきません。さらにモバイル端末の利用者が増えるにつれ、必ずしもユーザーが新しいスペックの端末を利用しているとは限りません。スペックが非力な場合、フロントエンドの処理をヘビーにしてしまうことでユーザーの快適なブラウジング体験を損なうこともありえるでしょう。スペックのエミュレートもまた開発者ツールに備わっている場合があります。開発するアプリケーションがどう動作するか一度確認してみるとよいでしょう。

Chrome開発者ツールでPerformanceタブを開いてCPUのエミュレートが可能

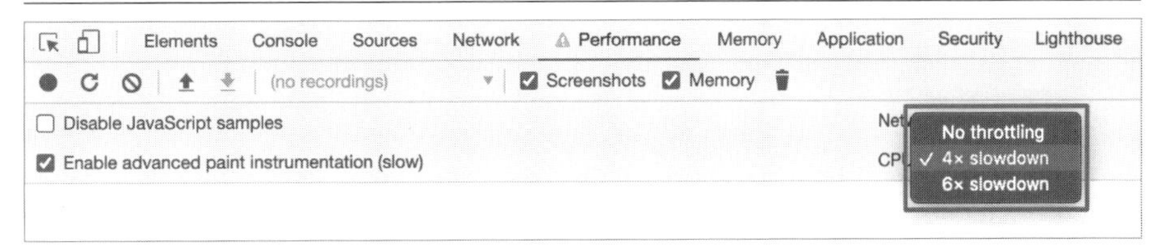

　ユーザーを取り巻く環境はさまざまです。サービス次第では解像度や国、接続帯域などいくつかの項目での考慮を求められるケースが出てくることもあります。前章でも触れた解析ツールなどを利用することで、ユーザーがどういった状況で利用しているかの

データを採取できます。すでに担当しているサービスが類似した解析ツールを導入していればまずはユーザーの状況を知ることは非常に重要でしょう。

ブラウザで起きるエラーイベントなどからユーザーを知る

ブラウザで起きるエラーイベントはさまざまなものがあります。JavaScriptのビューライブラリやフレームワークで構築されたアプリケーションでは、JavaScriptにおけるランタイムエラーの発生するケースがあります。ランタイムエラーの場合、多くはプログラムのミスであることがほとんどで、意図しない引数での関数実行がなされた、予測していなかった例外における考慮漏れなどによるものです。

js

```
console.log(d);
```

未定義のdが参照できずにこの場合はReferenceErrorというエラーが発生します。

js

```
const foo = { bar: "foobar" };
foo.bar();
```

上記の場合では文字列であるbarを関数として呼び出そうしているためエラーが発生します。JavaScriptは動的型付言語であるため、ランタイム時にTypeErrorというものが発生するのです。

js

```
function foo {}
```

この場合は構文エラーSyntaxErrorとなります。関数宣言における引数のための構文が不足しています。正しくはfunction foo() {}となるはずです。

こういったランタイムエラーについてはほとんどがPart 1で紹介してきたリントツールやTypeScriptのコンパイル時に検出したりバグの芽を摘み取ったりできます。仮に導入されていない環境であればすぐに導入を検討し整備を進めたほうが無難とも言えます。

またプログラム上のエラーではないケースもブラウザでは発生します。たとえばネットワークエラーなどはアプリケーションからはアプローチが難しいものです。ユーザー環境がさまざまというのは前述のとおりですが、たまたまWi-Fiの途絶えたタイミングや移動中に瞬間的に電波の切れたタイミングなどいろいろ考えられます。ネットワークが遮断された状況でJavaScriptからリクエストを行う場合、`Network Error`として例外処理を行います。これはDOMExceptionと呼ばれ、Web IDLに定義されたものが編集者のドラフトとして確認できます。※1

SPA（シングルページアプリケーション）の場合、ユーザーがサービスを利用するライフサイクルにもよりけりですが、画面のHTML取得のためのHTTPリクエストではなくバックエンドAPIへのリクエストが多く発生することもあるでしょう。特にユーザーの決定や意思を反映するようなUIにおいてAPIリクエストが多く、不通時のフィードバックが必要なユースケースでは盛り込むことも検討が必要になってきます。そういったケースで瞬間的にネットワークが遮断された場合にユーザーへUIからメッセージングすることも体験を高めるための手段となりえます。

js

```
window.addEventListener("offline", () => console.log("This device is under offlin
e."));
window.addEventListener("online", () => console.log("This device is under online."));
```

昨今のブラウザにはオンラインかどうかのステータスを取得するためのAPIが備わっています。上記のようなリスナをセットしておくことで、ユーザーにネットワークが不通のため画面を提供できない旨をメッセージングできるでしょう。Can I useを見ても分かるとおり実装状況は大きくカバーしていそうです。

※1 https://heycam.github.io/webidl/#idl-DOMException

Online Statusを取得できるブラウザの互換性

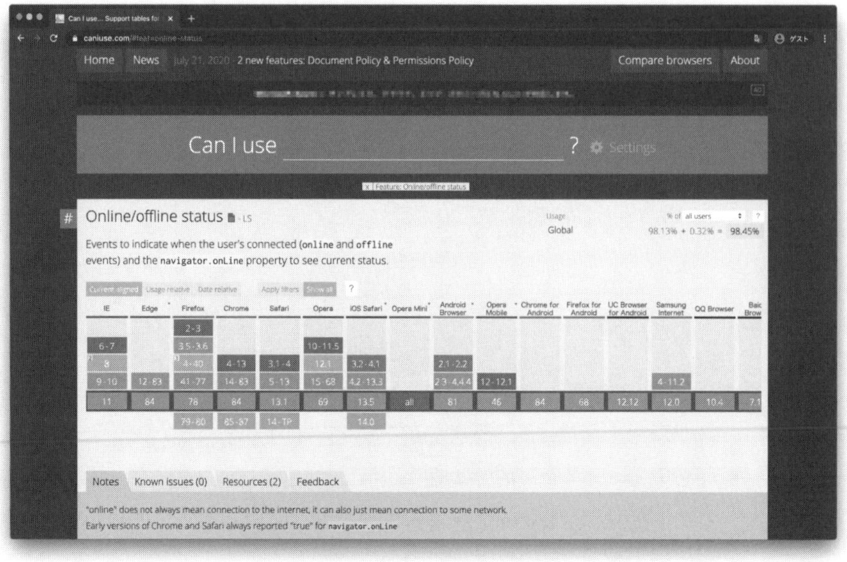

またユーザーはブラウザの設定を開発者が期待するような設定にしているとは限りません。多くのアプリケーションで利用されるCookieやストレージですが、ブラウザの設定によっては無効にできます。Chromeの場合はCookieデータの保存・読み取りを非許可にしている場合、localStorageへの書き込みも拒否されます。JavaScriptから操作してしまうと下記のような例外メッセージが送出されます。

```
SecurityError: Failed to read the 'localStorage' property from 'Window': Access is d
enied for this document.
```

こういったケースになることはまれですが、ユーザーのブラウザ設定がどういった状況かは推し量ることはできませんし、ユーザーがあなたの開発するブラウザ環境と同じような設定にしているとは限らないということは頭の片隅に置かなければいけません。Cookieが利用可能かは下記のような記述で確認することはできます。

js

```js
const isCookieEnabled = window.navigator.cookieEnabled;
if (!isCookieEnabled) {
  // Cookie を利用できないケースでフォローする
}
```

ここに挙げたブラウザの例外、エラーイベントはほんの一握りで、実際に起きるものは予想できないほどたくさんあるでしょう。サーバサイドやインフラのように検知可能な設計が盛り込まれていれば問題ありませんが、ユーザーサイドで起きている事象は、カスタマーサポート担当者やユーザーからの問い合わせ（も必ずあるわけではありません）を受けて、少ない情報から推測することしかできません。そのため、クライアントサイドでおきるエラーをリアルタイムで捕捉することは重要であると考えます。以降ではそういったクライアントサイドのエラーイベント監視・エラーログの収集のためのSentryというSaaSを紹介します。

エラーイベント検知のためSentryを導入する

リリース後にどんなユーザーがどんな状況にあるか、どの状況でランタイムエラーが発生したのか、手立てなしに知ることは難しいというお話をここまでしてきました。何か問題が発生した際にすべてのユーザーが問い合わせをしてくれるほど優しい世界ではありません。

Sentryはエラーイベントを検知して、エラーログを収集するSaaSで対応するSDKは各言語で用意されています。今回はクライアントサイドの例外を捕捉したいのでブラウザ向けのJavaScript SDKを利用しながら、例外を検知・収集するためどう導入していくかについて解説していきます。

まずは登録ですがアカウント開設からアプリケーションへの組込み、初めての例外発生までSentryはチュートリアルを用意しています。下記URLからまずは登録を始めてみましょう。

https://sentry.io/welcome/

❸1.Sentry登録後のURLから遷移した画面

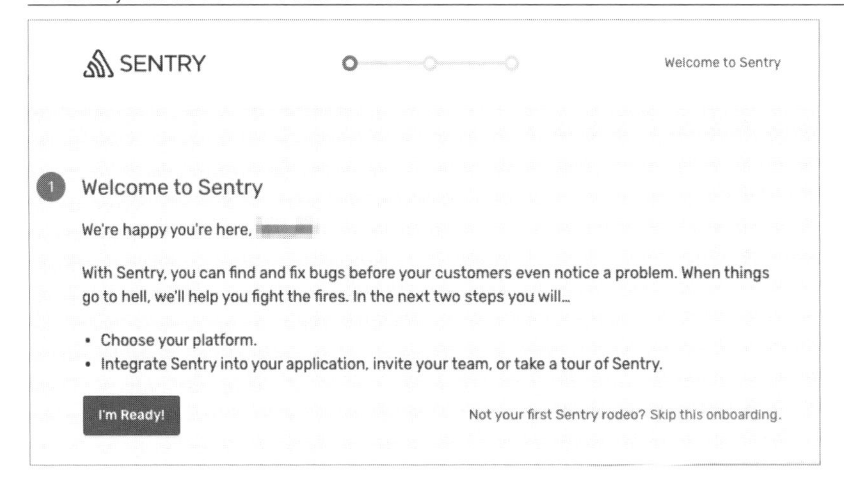

URLからアカウント開設を行いプロジェクトをSentryへ登録する際の画面が1です。このオンボーディングはスキップできますが、チュートリアルのまま先に進めていきましょう。

❸2.プラットフォーム選択画面

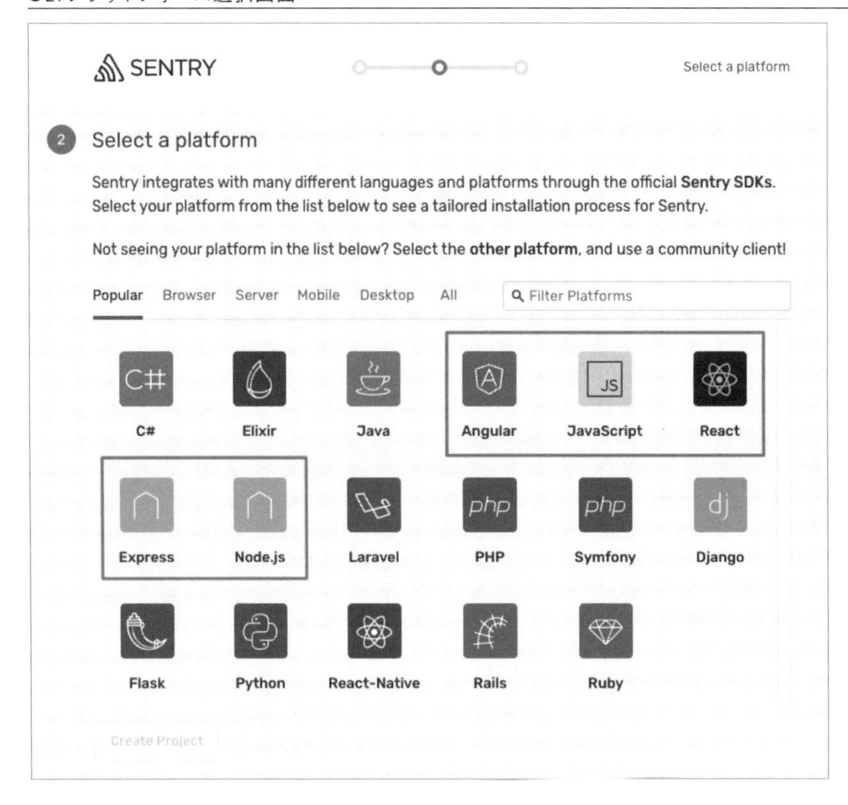

2ではプラットフォームを選択することになります。例示した画像にも含まれていますが、ライブラリに特化したアプリケーションであればAngularやReactといった選択が可能ですし、サーバサイドのNode.jsにも利用できます。ここでは以降のサンプルで取り上げるため、Reactを選択しておきます。

3.SDKインストールと実装サンプル、初回イベント待受画面

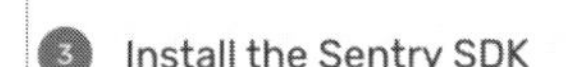

Install the Sentry SDK

Installation Guide　Invite Team Members　Take a Tour

React SDK Installation Guide

Follow these instructions to install and verify the integration of Sentry into your application, including sending **your first event** from your development environment. See the full documentation for additional configuration, platform features, and methods of sending events.

● Waiting for verification event　Full Documentation

To use Sentry with your React application, you will need to use `@sentry/react` (Sentry's Browser React SDK).

Note

`@sentry/react` is a wrapper around the `@sentry/browser` package, with added functionality related to React. All methods available in the `@sentry/browser` package can also be imported from `@sentry/react`.

Add the Sentry SDK as a dependency using yarn or npm:

```
# Using yarn
$ yarn add @sentry/react

# Using npm
$ npm install @sentry/react
```

Connecting the SDK to Sentry

After you've completed setting up a project in Sentry, Sentry will give you a value which we call a *DSN* or *Data Source Name*. It looks a lot like a standard URL, but it's just a representation of the configuration required by the Sentry SDKs. It consists of a few pieces, including the protocol, public key, the server address, and the project identifier.

You should `init` the Sentry browser SDK as soon as possible during your application load up, before initializing React:

```
import React from 'react';
import ReactDOM from 'react-dom';
import * as Sentry from '@sentry/react';
import App from './App';

Sentry.init({dsn: "https://                    .ingest.sentry.io/5364522

ReactDOM.render(<App />, document.getElementById('root'));
```

On its own, `@sentry/react` will report any uncaught exceptions triggered by your application.

You can trigger your first event from your development environment by raising an exception somewhere within your application. An example of this would be rendering a button:

```
return <button onClick={methodDoesNotExist}>Break the world</button>;
```

3では最初のエラーイベント発生をSentryが捕捉するまで手順を進めることができます。先に始めるべきはReact向けのSDKである@sentry/reactの導入です。このパッケージは実際には@sentry/browserといったブラウザ向けのSDKの薄いラッパとReact向けのヘルパーが同梱しているだけです。本書で利用したPart 2のサンプルプロジェクトで実際にインストールを行ってみましょう。

bash

```
$ yarn add @sentry/react
```

このパッケージを利用してSDKからSentry連携を有効にしてきますが利用は非常に簡単です。手順通り下記をアプリケーション初期化前に実行するだけです。

js

```
// YOUR_DSN_URL は個別で払い出されるものです
Sentry.init({dsn: "https://YOUR_DSN_URL"});
```

その後は画面の指示では初めてのエラーイベントを発生させることになるので従いましょう。どのコンポーネント・要素でもかまいません、存在しないメソッドをクリックハンドラに指定しブラウザ上から実際にエラーを起こします。

js

```
<button onClick={methodDoesNotExist}>例外が発生するボタン</button>
```

3. オンボーディング画面で通知を受けた様子

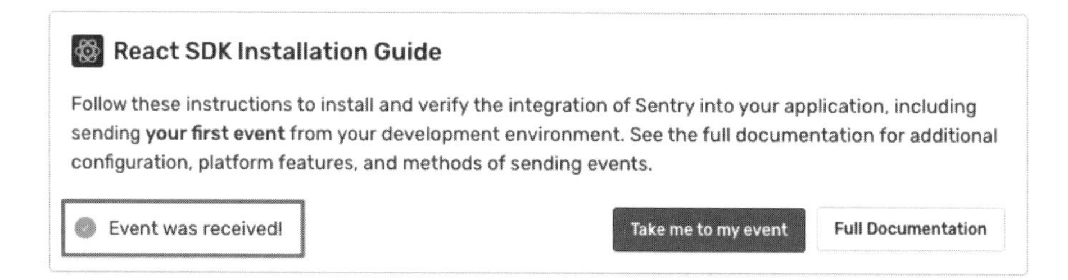

画面にイベントが捕捉された旨が表示されれば成功です。イベントへのリンクが表示されているので遷移して確認してみましょう。

◉Sentryエラーイベントの詳細画面

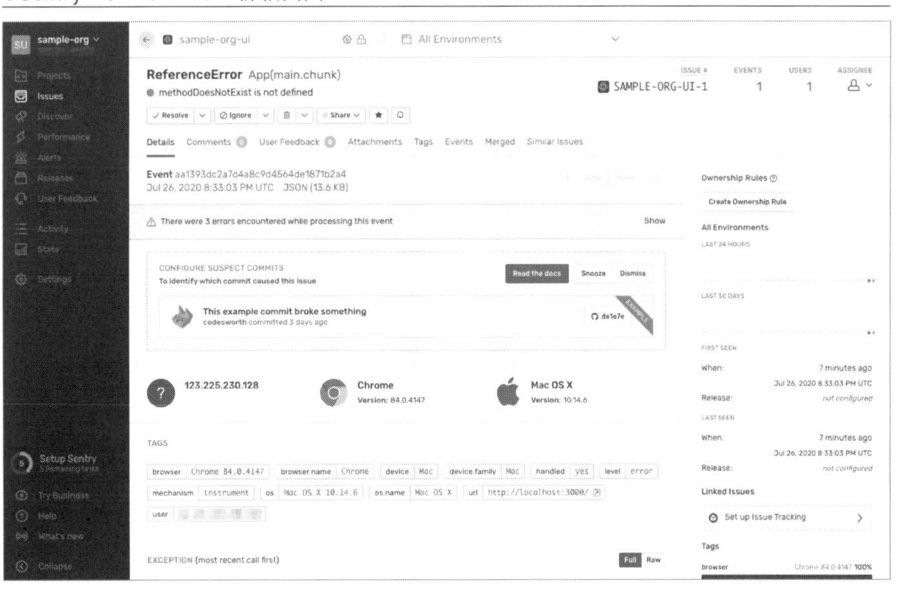

エラーイベント詳細からわかりますが特に設定などを意識しなくてもブラウザバージョンやOSの情報が取得できるほか、エラーがReferenceErrorであることもわかりますし、エラーイベント数だけではなくユーザーユニークな数値も取得可能ですので問題が発生した場合の影響範囲特定にも役立つはずです。

ここまではSentryでエラーを捕捉するにあたっての入り口程度の情報ですが、SDKを活用することでSentryで設定可能なことはいくつかあります。

- エラーイベントへの緊急度レベル付与
- エラーイベントの閾値超えによるアラート（伴った各種ツール連携）
- リリースバージョンやユーザー定義のメタ情報付与
- sourcemapを利用した影響のあったソースコードの表示

Sentryはドキュメントが豊富に用意されているのでユースケースに沿って調べてみるとよいでしょう。[※1] また実際プロダクトに組み込む際にはチームの協力は必須です。リリースとデプロイの際にはリリースバージョン付与のためのCLIからの操作やsourcemapのアップロードを考える必要が出てくるなどは往々にして発生します。フロン

※1 Sentry Documentation https://docs.sentry.io/

トエンドだけでの完結を目指さず、Sentryによってプロダクトにもたらせる価値をチームに展開し協力を仰ぐことは導入以前に必要な動きとなるはずです。

以降ではSentryを利用するにあたり、どう実コードに組み込むかを中心に解説していきます。

Sentryの動作とコードへの組み込み

先ほどのオンボーディングでは`Sentry.init`で始まるSentry初期化しか行っていません。なぜSentryで例外が捕捉されたのでしょうか。

`Sentry.init`の処理ではグローバルな例外を捕捉するためのハンドラが実行されます。SDK内部ではGlobalHandlerと呼んでいます。ブラウザ用のSDKでは`window.onerror`, `window.onunhandledrejection`に対してハンドラを指定することでトップレベルに繰り上がった例外をさばいているようです。※1

基本的にブラウザで起きる例外は実行箇所のスコープや上位スコープのcatch節などでフォローされない限り、トップレベルのスコープ（グローバルなスコープ）まで繰り上がって例外として処理されます。`onerror`に指定したハンドラには繰り上がったエラーイベントが流れ、`onunhandledrejection`に指定したハンドラにはPromiseでrejectされた場合にどこにも捕捉されなかったrejectが流れてきます。これらを利用してSentryは例外を捕捉していることになります。

こういったグローバルスコープにおける例外ハンドラのみでも実運用は可能ですが、例外発生時のコンテキストを詳細を得る場合は別途、捕捉するしくみを導入しましょう。ここでのGlobalHandlerとは予期せぬ例外を捕捉するための最後の砦に過ぎません。トップレベルにあがった例外ではスタックトレースが分かりづらかったり、例外時のコンテキストを理解するのに時間を要してしまったりしてしまいます。事前に用意できるものは準備しておくにこしたことはありません。

例外を知るべきと判断した箇所にはSentry SDKが提供する関数を利用しエラーイ

※1 https://github.com/getsentry/sentry-javascript/blob/a19e33e8162f04bbcdd5fc876e2913353a7b0015/packages/utils/src/instrument.ts#L502-L538

ベントを送信できます。ここではFetchを使ったもので例示します。

js

```
async function getUser(id: number) {
  try {
    const res = await fetch(`https://someurl/?userId=${id}`);
    if (!res.ok) {
      throw new Error(`Network Error: status code is ${res.status}`);
    }
    return await res.json();
  } catch(e) {
    Sentry.captureException(e);
  }
}
```

ライブラリがXHRオブジェクトをラップし開発者が利用しやすいように例外を送出するものもありますが、ここではブラウザがネイティブで利用できるFetch APIを取り上げます。上記のサンプルでは特定のエンドポイントにリクエストを送る場合にAPIのレスポンスがHTTPステータス200で返ったとしてもJSONとして処理できないケースやネットワークが不通であったケースに例外をSentryへ送信するようになっています。

Fetch APIでは`fetch`が返却する値はPromiseオブジェクトになりますが、resolveされた場合には`Response.ok`に真偽値が含まれます。仕様によればこの真偽値はHTTPステータスコードが200-299の範囲であればtrueを、それ以外はfalseが格納され展開されます。[※1] まずは真偽値を確認しfalseであればErrorオブジェクトのメッセージにステータスコードを含めて例外を送出します。`catch`節で捕捉されたその例外はSDKが提供する`caputureException`という関数の引数に渡されSentryへ送信されます。

React Error Boundaryを利用する

ReactにはError Boundaryと呼ばれる概念が存在し、ドキュメントにもそれを利用したコンポーネント実装のプラクティスが掲載されています。[※2] ドキュメントにも記

※1 Fetch Standard 2.2.3. Statuses - https://fetch.spec.whatwg.org/#ok-status

※2 Error Boundary - React https://ja.reactjs.org/docs/error-boundaries.html

載はありますが、こういったコンポーネントを実装するとcatch節のように動作し、コンポーネント内部で起きたエラーはトップレベルのError Boundaryに捕捉されエラーのフォールバックUIをユーザーに提供できます。UIだけではなく、ここではエラーイベントのログを取ることも可能です。先ほど例に挙げた@sentry/reactのSDK内部にはSentry用のError Boundaryが付属していますが、ここではドキュメントに従ったスクラッチの実装を考えましょう。

昨今のReactを用いた開発ではFunctional Component＝関数としてコンポーネントが実装されますが、Error Boundaryコンポーネントはclassベースのコンポーネントでなくてはいけません。ドキュメントにはclassコンポーネントの各メソッドが何のためにあるか記載があります。

◆ static getDerivedStateFromError()メソッドは例外送出時にフォールバックUIを提供するため
◆ componentDidCatch()はエラーイベントをSentryに送信するため

以上のような目的で利用します。実際のコンポーネントは下記のようになります。

tsx

```
import React from "react";
import Sentry from "@sentry/browser";
import Fallback from "~/components/Fallback";

type ErrorState = {
  hasError: boolean
  error: Error
  eventId: string
}
export class ErrorBoundary extends React.components<{}, ErrorState> {
  // ① Error Boundary 内部 State
  public state = {
    hasError: false,
    error: new Error(),
    eventId: ""
  };
  // ② フォールバック UI を提供する (State の変更
  public static getDerivedStateFromError(error: Error) {
    return {
```

```
      hasError: true,
      error
    };
  }
  // ③ エラーイベントを Sentry に送信する
  public componentDidCatch(error: Error | null, errorInfo: React.ErrorInfo) {
    error.componentStack = errorInfo.componentStack;
    const eventId = Sentry.captureException(error);
    this.setState({ eventId });
  }
  // ④ State がエラーであればフォールバック UI をレンダーする
  public render() {
    if (this.state.hasError) {
      return <Fallback eventId={this.state.eventId} />;
    }
    return this.props.children;
  }
}

// 利用する場合は下記のようになる
<ErrorBoundary>
  <App />
</ErrorBoundary>
```

順番に見ていきましょう。

①はこのError Boundaryコンポーネントの内部Stateを保持するものです。3つはそれぞれ下記のような状態です。

- hasError：初期値はfalse。通常は下層コンポーネント表示にのみ徹するが、エラーを受けた場合にtrueとなりフォールバックUIへ切り替えられる。そのためのStateとなる
- error：Sentryに通知するためのErrorオブジェクトを格納する
- eventId：Sentry送信関数は戻り値にユニークなIDを払い出す。そのIDを保持するためのStateとなる

②では次のレンダーでフォールバックUIを表示するために新しいStateへ更新するための値を戻り値とする、コンポーネントのライフサイクルメソッドです。ここでは

引数にErrorオブジェクトが渡ってくる想定ですので、そのままerrorとして更新し、hasErrorをtrueにして返却します。

③ではSentryへエラーイベントを送信します。前述通りSentry.captureExceptionはユニークなIDを返却するため、戻り値をStateのeventIdにセットしています。

④はレンダーになります。ここまでStateを更新し必要なものを詰め込んできました。エラーが発生すればここでhasErrorはtrueとなりフォールバックのUIを描画します。なお、このフォールバックUIにeventIdを渡すことでエラー画面のUIにSentryへ送信した際のユニークなIDを表示できるため、ユーザーからの問い合わせなどに利用することも可能になるでしょう。

収集したエラーイベントを役立てる

ここまで紹介したエラーイベントの送信や収集、実コードへの組込みは検知が目的であるとともに改善の材料であることも忘れてはいけません。いくらログを集めても検討材料にしなければ、改善の優先度を決めることに何も寄与できないものになります。ユーザー接地面で起きる事象やアプリケーションとしての課題が目に見えて分かるのです、開発からアプローチしない手はないでしょう。

例外発生時に利用するほかにも、検討材料を作るための足がかりにしてもよいはずです。本章の、設定によってCookieをブロックしていたケースを思い出してください。エラー発生件数から対応方法を決めたとしても、新規ユーザーがまたCookieをブロックしていたとしたらどうでしょう。「すでに画面でフォローしているから良い」で済むこともありますが、後続する数値によっては別の対応が必要になるケースも考えられます。エラーとして収集せずに情報として収集するという方法もあります。

js

```js
if (!isCookieEnabled) {
  Sentry.withScope((scope) => {
    scope.setLevel("info");
    Sentry.captureException(new Error("Cookie is Disabled."));
  });
}
```

Sentryにはエラーイベントにレベル付けができると書きましたが、実際には上記のようにレベルを変更します。この場合は`info`レベルで送信されるため、ブラウザからSentryの情報を見たい場合にフィルタすることで普段見る画面からは除外できます。今は見ておかなくて良くても、追って確認したいログとして明示的にレベルをつけ保持しておくことで、将来的な対応のための材料とすることもできるのです。

エラーイベントの発生ログというデータは大きな判断材料となります。中にはネットワークの不通などシステム上ではどうもできないイベントも多く上がってくるため精査する必要はありますが、この数字がチームでの対応優先度を決めるのに一番良い判断材料となりえます。スクラム開発を実施しているチームならば、プロダクトバックログに追加してもよいでしょう。

プロダクトバックログの説明をまだしていませんでした。それについては次章のチームで働くことについてで触れていきましょう。

Part 3 応用編

より深く学ぶために知る

Chapter 9

Front-End

チーム開発とWebへの貢献

実践的なコードやツールの利用方法が分かったとしても、開発の現場でチームメンバーに理解を得ながら協働していくことなしにそれらを導入するのは難しいでしょう。ここではスクラムを採用したチームに入った場合、どういった開発スタイルをとりどう進めているのかを理解しながら、チームで開発をするということ・協働し理解を得ることなどについて解説を進めていきます。

またWebというプラットフォームへの貢献を考えることで、個人のプログラミングスキルやチームでの開発にとどまらない、拡大し続けるWebを維持していくこととは何なのかを考えます。仕様やOSSの開発者という手の届かない範疇ではなく、スキルや知識がなくても始められることは少なくありません。

本章ではこれまでの内容をまとめながら楽しんでフロントエンドを開発していくにはどうしてくとよいかを考えていきます。

Section
9-1
Front-End

チームで働く

本章ではPart 1で紹介した開発現場での仕事の進め方、特にスクラム開発についてより具体的な運用を解説します。そして、あなたがプロジェクトに入って各メンバーとどういったやりとりをすることになるか、どう協業しながらプロダクトを作り上げていくのかをフロントエンドエンジニアの視点で本章を踏まえて想像していただけるような構成です。その中で、「チームで働く」というところに着目し開発の現場でどう働くかについて具体的に想起していただくことがポイントになっています。

あらためてスクラムという開発手法について

Part 1の4章でも触れたとおり、スクラムといった開発におけるプロセスフレームワークは短い期間（=スプリント）を繰り返すことでチームに下記のような効果をもたらす・メリットが得られると筆者は考えています。

1. 短いリリースサイクルを実現しユーザーに価値を提供し続けます
2. スプリント内には決まったイベントを定義することでチームの学習を促進しメンバーが自主的に改善を試みます
3. チームやプロダクトが予期せぬ変化や不確実性の高い開発を求められる場合それに耐えうるよう設計されています

✚短いリリースサイクルと価値提供

1についてはスクラムの構成そのものが短い期間でリリースしていくスタイルであり、特に完成したプロダクトを成長させるフェーズでは高い価値を生み出すはずです。日々細かなバグ改修や改善を積み重ねることは開発の現場で当たり前のように行われますが、それらをユーザーに届けるには可能であればすぐ提供したいものです。リリースやデプロイが安全に行われること、ユーザーに届けることはバランスが整って実現されることのひとつなのです。仮にあなたのチームが改修をリリースするために膠着した状態が続いている、なかなかリリースされない、ような状況であれば健全性を疑ってもよいでしょう。

✚振り返りによる組織学習と改善

2ですが、スクラムには「スプリントレトロスペクティブ（振り返り）」といったイベントがある点はPart 1でも触れたとおりです。振り返りを実施することはチームにおける成果達成を称えたり、チーム内で称賛・心理的承認を行うことも目的ですが、課題を顕在化させることもまた目的のひとつでもあります。振り返りにおいてはさまざまな手法が取られますが、KPTといったKeep（継続したいこと）・Problem（課題に感じていること）・Try（解決のための次回の取り組み）を挙げていくスタイルがよく見られます。

チームで意見を伝えやすいか・課題ととらえていることの認識レベルが合っているかなど前提条件は求められるものの、振り返りを行う場面においては課題と感じていることを、フラットにシンプルに伝えることが重要です。「障害発生時の対応を見直したい」「テストコードの工数を考慮できていない」といった開発を中心にした課題から、「会議体が増え過ぎている（つまり開発の時間が削られている）」「朝会の担当を決めたにもかかわらず機能していない」など開発プロセスにおける課題も含まれるでしょう。

出てきた課題に対して次のスプリントでどう取り組もうかという行動までチームで決めていくことが望ましく、それらを実現できてこそスクラムにおける「振り返り」が価値を発揮していきます。さらにこういった改善の繰り返しが当たり前になることはチームが（ひいては組織と考えてもよいでしょう）学習をごく当然のように行える環境が整っていると言ってよいはずです。

✚予期せぬ変化や不確実性への耐性

3については前段の振り返りによる組織学習ということも踏まえて考えられるでしょう。プロセスがより良いものへ短いスパンで少しずつ変化していくこととはつまり、途中襲ってくるであろう、チームへの予期せぬ変化にも耐性があるということです。

政治的な意向や緊急性の高い事象が発生するケースで、どうしても優先度を変更しなくてはならない場面が必ず出てきます。そういった場面で慌てることなく今やるべきことにフォーカスしながら優先度を再度並べ直したりするということができることも、スクラム開発に慣れたチームであれば当然のように振る舞えるでしょう。

スクラムを採用したチームに入ったら

あなたがスクラムを採用した開発チームに入る際どういった迎え入れが行われるかはチーム次第ですが、おそらくはオンボーディングやチーム参画におけるオリエンテーリングが先に行われるでしょう。それさえもスプリントに組み込まれていることもありえます。

あなたが参画することになるプロダクトは何を目的としてどういったものを提供しているのか・解決したい課題は何なのか、どういったステークホルダーを抱えているのか・社内外の利害関係があるのか、ターゲットとしているユーザー層やペルソナはどういった人物かなどプロダクトの概要を知るうえでは情報量がきっと多いはずです。おそらくPOと呼ばれるプロダクトオーナーから説明があるでしょう。

開発に際しては開発チームのリーダーもしくは直属のマネージャーにあたる人物から、インフラ構成を含めたアーキテクチャや設計ドキュメントをもとにした大枠でのアプリケーションの概要説明を受けるでしょう。あなたがプロダクトのどのフィールドに責務を持つか、開発者としてどういったことを期待されているのか、インフラ各環境へのデプロイやリリースについてはどうなっているのか説明を受ける場面も出てきそうです。

スクラム開発ではチームはスプリント内でどういったイベントを設定しどういった進め方をしているのかももちろん説明があるでしょう。あなたがあるプロジェクトへ参画した後にオンボーディングを終えて初めてのスプリントを迎えるという想定で、以降はスプリント内でどういったことが具体的に行われるかをストーリー仕立てで解説していきます。実際の作業やコミュニケーション、やりとりなどは省いていることも多いのであくまでイメージするためのストーリーと考えてください。

ストーリー：スプリントプランニング

あなたがオンボーディングを終えて、さあチーム開発に入ろうというタイミングでちょうど次のスプリントが始まるようです。このチームではスプリントを2週間としており、このスプリントはどうやら42回目を迎えるスプリントだと聞かされました。

このチームではプロダクトバックログやユーザーストーリーなどを色付きの付箋紙に張り出したアナログなやり方で進捗や将来的な機能追加のバックログを管理しており、オフィスの壁の一部に張り出してチーム全員が見やすいようにしています。またチームの追いかけるべき数字なども張り出されているようです。

⊗チームのプロダクトバックログ、カンバンのイメージ

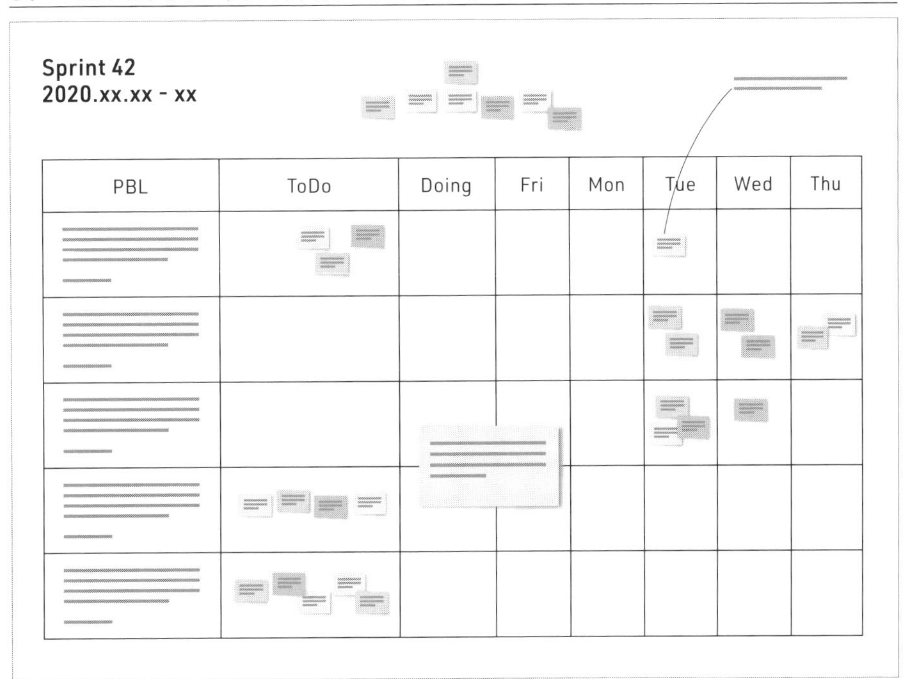

あなたはこのスプリントのプランニングから参加していきます。プランニングではこのスプリントで対応するものをプロダクトバックログの優先度の高いものから選択しスプリントバックログと呼ばれる場所で管理します。プロダクトバックログに積まれた前段のコンテキストが分からないものはしかたがないですが、優先度の高い施策が何であるか事前のオンボーディングで下記のような説明を受けていました。

1. ユーザー数の微増が続いているため定期的にキャンペーンを打ちたい
2. 運用メンバーが管理画面からキャンペーン情報を設定可能で、ブラウザからリクエストするためのAPIはすでに完成している
3. これまではバックエンドエンジニアが片手間で対応していたが手が回らずフロントエンドの実装が必要になっている

オンボーディングでは上記のような説明があったので、おそらくキャンペーン周りのタ

スクが上がってくると想像できるでしょう。このチームのスプリントプランニングでは、プロダクトバックログにある優先度の高い付箋紙をスプリントバックログに移していくようです。その後、移動した付箋紙に作業レベルがわかる付箋紙をさらに紐付けるようです。あなたが担当するフロントエンドの開発作業についてもここで議論し作業レベルを噛み砕いていきます。下記のような作業項目をあなたは提案し採用され、このスプリントのゴールはこれらをリリースできる状態にしておくことになりました。

スプリントバックログへ追加した作業項目群

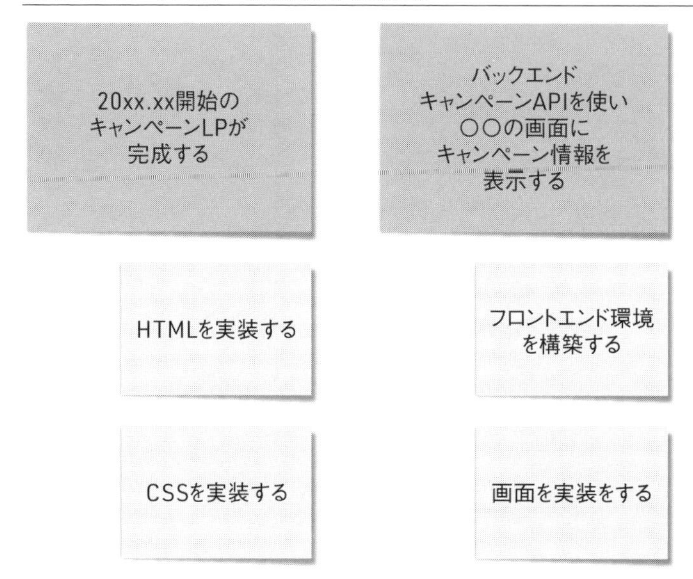

またこの開発チームではベロシティと呼ばれる作業実績の指標から、スプリントバックログに移動した項目が2週間のスプリントに対応できる内容かどうかを判断します。プランニングの中ではプランニングポーカーと呼ばれる「0,1,2,3,5,8...」のようなフィボナッチ数を利用して作業に対してポイントを振っているようです。この実績値をもってスプリントを開始したいようですが、あなたが参画してベロシティはいくぶん変わるという判断のもと今回は計測のためにあなたのポイントはあなたの言い値で付けることになりました。そこであなたはLP実装についてはHTML/CSSともにそこまで作業量を要さないだろうとイメージしました。API連携となるフロントエンドの実装も環境構築に1日使ったとしてもさほどボリュームはないだろうと判断し、いずれも適切なポイントをつけてプランニングを終えました。

Column タイムボックスという考え方

スクラムにおいてはタイムボックスという方法を利用して時間を管理します。たとえばここでのプランニングのようなミーティングにおいてはダラダラと延長せず優先度の高いことに集中し、生産性を意識し時間的な制限をかけることが目的です。さらにタイムボックスを利用することではみ出た場合に何が良くなかったかを改善するきっかけにもなります。

ストーリー：スプリントが開始する

スプリントが始まると開発者は個別に動くようです。あなたは先に取り掛かりやすいLP（ランディングページ）の実装から考えることにしました。デザイナーとの挨拶はすでに済んでいるのでデザインの制作物を受領しましょう。デザイナーに問い合わせるとすでに画面に必要な画像は切り出されてリポジトリへコミットされているとのことです。デザインツールで画像の書き出しをするかもと一瞬頭をよぎりましたが、なんとあなたは幸運なのでしょう。リポジトリから指定されたブランチとディレクトリを開いてあなたは少し驚きます。

リポジトリにデザイナーがコミットしたファイル

awesome-designer キャンペーン画像追加 ...		✓ on 9 Jun History
..		
img_2.png	キャンペーン画像追加	12 days ago
img_3.png	キャンペーン画像追加	12 days ago
img_4.png	キャンペーン画像追加	12 days ago
img_5.png	キャンペーン画像追加	12 days ago
img_6.png	キャンペーン画像追加	12 days ago
img_7.png	キャンペーン画像追加	12 days ago
img_8.png	キャンペーン画像追加	12 days ago
img_9.png	キャンペーン画像追加	12 days ago

これではファイル命名がどのパーツを指すのか一見してよくわからなそうです。デザインを見ながら当て込むほかないのと、今後のことを考えると命名規則を用意したほうがよいといった判断から画像ファイルに関する命名規則をチーム内のドキュメントツールに書いておくことにしました。なおこれまではデザイナーがLPのコーディングも行っていたようで、格納しているHTMLやCSSファイルを確認するとCSSのルールセットに重複

があったり共通ファイルを作成していないため毎回同じCSSファイルをコピーしている形跡が見られます。今後のデザイナーとの協業を考えて、あなたはクラス名の命名規則や運用に際して必要最低限のドキュメントも合わせて作ることにしました。

デザイナーにヒアリングするなどしていたら作業初日はほとんどドキュメントを書くことに徹してしまったようです。「翌日の朝会の進捗確認でその旨伝えよう」あなたはそう思って帰途につきます。

Column デイリースクラム

スクラムを実施しているチームではデイリースクラムと呼ばれる毎日15分程度のタイムボックスで、朝や夕方に日々の作業進捗や困っていることがないか話すタイミングを設けています。このストーリーに出てくる架空のチームでは朝会といった形で実施しています。特にこのチームのように物理的なバックログを持っているケースではその前に集合し作業項目を移動させたり談笑したりします。

さてあなたは以降のスプリントの作業の中で、さらにデザイナーとのやりとりが発生し必要なドキュメントを作ったりヒアリングを重ねたりしています。結果的にLP実装が完了するまでもう4日使ってしまいました。残り稼働できる日数は5日ですが、まあなんとかなるだろうと、バックエンドAPIへリクエストし画面を作るという次の作業に着手します。

フロントエンドの環境構築を整備し作業を開始します。バックエンドではすでにAPIが完成しているとのことだったので、オンボーディングですでに構築済のローカル環境で指定のエンドポイントへリクエストを投げてみたり、すでに完成されているデザインを見たりしてみます。

APIからのレスポンスjson

```
{
  "campaignName": "テストキャンペーン",
  "campaignBanner": "https://storage.cdn.url/banner/foo.png",
  "startDate": "2020-10-10 00:00:00",
  "endDate": "2020-10-30 23:59:59",
  "summary": "今からはじめる！ ○○にピッタリなキャンペーン"
}
```

キャンペーン表示のためのデザイン

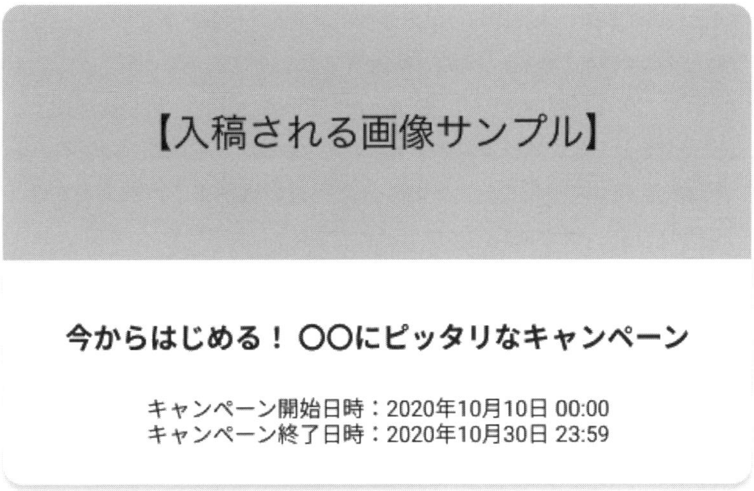

【入稿される画像サンプル】

今からはじめる！ ○○にピッタリなキャンペーン

キャンペーン開始日時：2020年10月10日 00:00
キャンペーン終了日時：2020年10月30日 23:59

表示するデザインを見ても過不足ないフィールドではありそうです。基本的にはレスポンスをそのまま画面へ適用することになりますが、startDate, endDateに関してはJavaScriptのDateオブジェクトを使って画面に必要な要素へと分解すればよさそうです。Dateを扱うライブラリを利用するまでもなく、Dateだけでやりくりすると多少面倒ですがそこまで難しいことではないでしょう。

js

```
const d = new Date(data.startDate);
const startDate = `${d.getFullYear()}年${d.getMonth()}月${d.getDate()}日`;
const startMinutes = `${d.getMinutes()}`.padStart(2, "0");
const startSeconds = `${d.getSeconds()}`.padStart(2, "0");
const startTime = `${d.getHours()}:${startMinutes}:${startSeconds}`;
const startDatetime = `${startDate} ${startTime}`;
// => startDatetime が期待する文字列となる
```

ただあなたは気付いてしまいます。このフィールドにはタイムゾーンが指定されていません。利用ユーザーのロケーションやOS設定や国によっては表示を正しく見せることができません。あなたは翌日の朝会で困っていることとして挙げてみます。レスポンスフィールドである、startDate, endDateについてはすぐ修正できそうとその場で判断されたので、紐づく作業項目をサーバサイドエンジニアが追加しその日のうちにフィールドにはタイムゾーンが入るようになりました。

レスポンスフィールドが期待するタイムゾーンを含んだもので返却されるまでもう1日経過し残り3日です。最終日はほかのスクラムイベントが立て込むので作業時間は持てないと聞いています。ということは実質残り2日です。実は作業としては余裕を感じていたためスプリント開始時にはReactコンポーネントで実装し付加的にコンポーネントのユニットテストまでレビューで華々しく見せようと考えていましたが、残念ながらそこまで手は回らなさそうです。スクラムイベント日の直前まで結局あなたはスプリントに必要な作業項目をなんとか完了させるにとどまりました。

ストーリー：スプリントの終わり

スプリントの最終日、このチームではスクラムイベントを最終日に集約しています。

- ◆ スプリントレビュー
- ◆ 振り返り
- ◆ そして次のスプリントプランニングに戻ります

レビューであなたは完成した成果物をチームの前で見せることになります。キャンペーンLPについては画面だけが成果物ではありませんでした。デザイナーと協業していくにあたり必要なドキュメントをまとめたのでそのアウトプットもレビューで簡単に説明します。またレスポンスフィールドにオーダーを入れてサーバサイドのエンジニアに作業をお願いするというシーンがありましたが、開発中の画面に反映することはできています。重要なのでメンバーにはきちんと感謝を伝えましょう。フロントエンドの環境構築に必要なREADMEもリポジトリにコミットできているので、それらを解説しほかのエンジニアにもフロントエンドの環境をこの機会に作ってもらいましょう。

次に振り返りですがこのチームではKPTという方法で行っているようです。前述のとおり、Keep（継続したいこと）・Problem（課題に感じていること）を各メンバーから吸い上げ、Try（解決のための次回の取り組み）、つまり課題を抽出して次のスプリントで取り組むようです。あなたはこのチームでの初めてのスプリントを思い返します。

- ◆ Keep（継続したいこと）
  - ・予定どおりに作業を完了させることができた
  - ・デザイナー・サーバサイドエンジニアとのコミュニケーション
  - ・必要なドキュメントを作り展開した

◆Problem（課題に感じていること）

・当初の見積もりよりも作業ボリュームが増えていた

チームにはこれまで専属のフロントエンドエンジニアがいなかったため、メンバーからも「フロントエンドに必要な作業や考慮などが必要だと感じた」「フロントエンドの見積もりをもっと精緻化したい」などTryが上がっているようです。結果的にチーム全体のTryは次のプランニングでフロントエンドに作業精緻化を行うことになりました。スプリント中に十分なコミュニケーションをとったこともあったからでしょうか、チームメンバーからフロントエンドの課題が挙がったことも初めてのスプリントのあなたの成果と言えるでしょう。この日はまた次のスプリントプランニングが始まります。前回の作業レベルを再度見直すチャンスです。今回の振り返りでもあったように、チームメンバーと協力して見積もりを精緻化することにつとめましょう。

Column 振り返り

スクラムではレトロスペクティブと呼ばれたりもします。このチームのケースではKPTを導入していました。振り返り自体はこのスプリント中で良い取り組みとなったことを抽出しチームやプロセスをより良くするために行います。けっして個人を攻撃したり愚痴をこぼしたりすることではなく、前述にもあるようにチームが成長していくための学習サイクルと考えるとよいでしょう。

チーム開発とはテクニカルスキルではない

ストーリー仕立てで書いたスクラムにおける開発のシーンを理解いただくとわかりますが、チームで開発するということはテクニカルスキルではありません。もちろん実際に設計する・コードを書く際にはテクニカルスキルを要しますが、チーム開発に重要な点は共有し相互の理解を深めることがもっとも重要です。そのためにスクラムという開発プロセスのためのフレームワークが存在するのです。

スプリントの作業中にチームメンバーとコミュニケーションを取るタイミングが多かったこと、レビューで成果物を見せるタイミングがあったことで、チームへのフロントエンドエンジニアとしてのメッセージが伝えられているはずです。フロントエンドでは何を重要視し何を気にかけているのか、どこをポイントにして設計したり実装したりしているのかを伝え続けることもあなたの役割なのです。理解者を増やし仲間を増やしていくことを怠ってはいけません。

またあなたが困りごとを抱えてストレスを感じるようなら、チームのパフォーマンスにも影響してしまいます。スクラムマスターや相談できる相手を見つけることは重要なことです。あなた自身のパフォーマンスはもちろんですが、ほかのメンバーの困りごとを拾い上げることもチームのパフォーマンスに貢献できるひとつのアクションでしょう。

一般的な社会人であれば社会生活において一日のほとんどを仕事で費やすことになるでしょうし、本章で紹介したスクラムを利用した開発では必ず朝会があり仕事における日々の生活をチームと共有するタイミングがあります。独立した作業がチーム開発で大きなメリットを得るということはほぼまれですので、**あなたの持つ知識を共有し理解者を得てあなたもまた誰かの理解者となるよう、チームメンバーに対して行動をし続けることがチーム開発では本当に重要なことなのです。**

Section
9-2
Front-End

コミュニティへの貢献活動

本書で紹介してきたライブラリ・フレームワーク、そして開発環境のためのツールはほとんどがOSS（オープンソースソフトウェア）であり、メンテナンスし提供し続ける開発者がいます。また身近に感じはしなくても、ブラウザやWebというプラットフォームに実装されていく仕様・規格が存在しそれらを議論し策定していく団体が存在します。議論はGitHubの特定のリポジトリにおけるissueでオープンに議論されるケースもあり、策定のプロセスをうかがえるようになっているのです。

フロントエンドにかかわらずWebというプラットフォーム、OSSを利用しているという点で我々もまた一ユーザーと言えます。ごく当たり前のように享受している環境は、ここまでWebを前に進めてきた開発者たちの議論や決定によって成り立っているのです。開発という側面に立った場合、こういった背景に関心を寄せず気付かぬまま開発に従事することと、我々もユーザーであるという立場から関心を寄せて開発に従事することには大きな差が生まれます。

たとえばあなたの書いたプログラムが期待しているとおりに動作しないといった問題

にぶつかった場合、何から調べるでしょうか。さらにプログラムは変更していないことがわかり、今まで動作していたものが急に動かなくなった場合に原因をどう追求するでしょうか。この場合、プログラムは関係がないのでプログラムが実行されるブラウザを疑うほかありません。Webというプラットフォームは仕様追加やブラウザ実装がシームレスに行われます。後方互換性をもった状態でアップデートされていきますが、必ずしも提供する側が互換性を持っている・開発者が期待している状態でアップデートされるとも限らないのです。

本章ではそういったWebというプラットフォームやOSSに貢献していくにあたり、コードをコミットするだけではない貢献やバグ報告の方法についてに触れていきます。その後一般的な開発者がプラットフォームであるWebに少しでも貢献できる方法を考え、なぜ貢献することに意義があるのかをまとめていきます。OSSやWebに貢献するというと大きな役割や特定のスキルが必要だと感じる開発者のために、少しでもハードルを下げることができれば幸いです。

OSSへの貢献はコードコミットだけではない

OSSへのコントリビューションやOSSを作成しレジストリへ公開し幅広く活動を行うこと、Webをプラットフォームにした開発に際してそれらなしでは存在し得ないといったことなどがSNSをはじめとしたメディアでごく当然のように語られるようになりました。ユーザーとしてただ乗りしている現状に気付きを与えるという点で活発に議論されることは非常にすばらしいことだと考えていますが、「開発者たる者OSSにコミットするべきである」といった具体性のないべき論を見るにつけ、急にハードルを上げてしまうような危機感を感じてしまいます。

OSSに対して障壁を感じる必要はありません。簡単な英語と思いやりがあるだけで貢献することはできるのです。たとえばOSSがリポジトリとして利用しているGitHub issueなどでバグ報告をしたり、ドキュメントを修正したり、簡単なPull-Requestから始めるだけでもOSSへ貢献できます。

ここではOSSがどういったユーザーコミュニティを持っているのか、Babelをはじめとした JavaScriptを中心にしたほかのOSSでの例を取り上げて一番取り組みやすいOSSへの貢献を考えていきます。

✚コミュニティをのぞいてみる、issueを立てる

OSSの多くはGitHubリポジトリのような誰もが閲覧可能なものとして公開されていることがほとんどです。そしてOSSの多くはCONTRIBUTION.mdのようなドキュメントを格納しており貢献するためにはどうすればよいか、貢献するにあたって何から始めるとよいかが指南されている場合があります。※1 また規模が大きいコミュニティになればなるほどたくさんの開発者が意見を交えるため、他人を攻撃するような侮蔑的な言動や差別となるような言動を抑止する目的でCODE_OF_CONDUCT.mdといった行動規範を掲げていることもあります。※2 任意のOSSに対して何かしらアクションを取る場合はまずはコントリビューションについてのドキュメントがないかを確認しよく読んでから行動するのがよいでしょう。

特にCode of Conductと呼ばれる行動規範は開発プロジェクト向けに公開されたContributor Covenantと言われるものがあり、BabelによらずLinuxのようなOSをはじめとしたGit、Kubernetesなどさまざまなプロジェクトが採用しています。※3 内容はジェンダーや肌の色、思想や信仰などで差別的な言動を抑止するだけではありません。**他の意見を尊重し建設的なフィードバックを受け入れること、不遜な態度で対応しないこと**が読み取れる内容になっています。フィードバックを批判として受け取りネガティブな感情を露悪的に表現したり異なる視点に対して攻撃したりすることは子どものやることです。英語でやりとりするとなると難しい点はありますが、論点をおさえ考えることは重要です。

筆者の経験談ですが、自分本位で良かれと思って出したOSSへのPull-Requestがコアメンテナーに拒否された経験があります。個人的に否定的な感情を抱くことはありませんでしたが、メンテナーからはなぜ必要としていないかの論点が簡潔にコメントされました。なぜ実装されていないかの理解がなかったことやissueで先に機能要望として上げておけばよかったことなど自らの反省点はありますが、それにもかかわらずコメントなしにPull-Requestを閉じずに丁寧に論拠を示してくれることには敬意を感じました。

Babelのドキュメントを見るとSlackへの招待リンクが記載されています。多くのOSS

※1 Babel, CONTRIBUTION - https://github.com/babel/babel/blob/main/CONTRIBUTING.md

※2 Babel, CODE OF CONDUCT - https://github.com/babel/babel/blob/main/CODE_OF_CONDUCT.md

※3 Contributor Covenant: Adopters - https://www.contributor-covenant.org/adopters/
ContributorCovenant: 日本語訳-https://www.contributor-covenant.org/ja/version/2/0/code_of_conduct/

は開発上の議論の入り口や質問などのコミュニケーションを行うために、また開発コミュニティの文化形成のための利用している場合があります。興味のあるOSSに貢献のためのドキュメントへ招待リンクがある場合、実際にコミュニケーションするかどうかはさておいてワークスペースにジョインすることも関心を持つためのひとつのきっかけになるでしょう。

●Babel Slackワークスペース

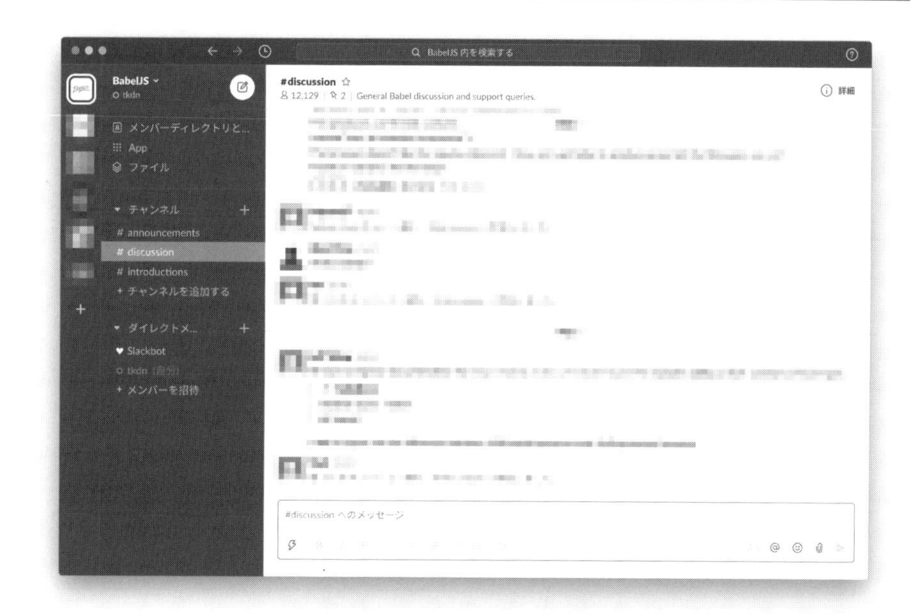

さて貢献のひとつとして機能要望やバグ報告をしたい場合はどうすればよいでしょうか。まずはOSSのリポジトリにあるissueを検索し類似した内容がないかをまずは確認しなくてはいけません。OSSの開発プロジェクトがどういったプロセスを踏んで開発に従事しているかはさまざまですが、多くのチームメンバーは普段所属する組織とは別の活動として開発にあたっていることほとんどです。特にBabelのようにユーザーの多いプロジェクトではissueやPull-Requestの数もコアメンバーで見切れる量ではないでしょう。我々が手始めにできることとしては要望やバグを気の向くままに上げることではありません。まず検索したうえで既存のissueがないか確認することです。そのうえでコメントを残すのも良いですし、バグの再現状況が不足しているならば自分の再現状況を追記するのもひとつの手助けになります。

GitHubの機能にはなりますが、OSSや開発プロジェクト向けにissueの種類を選べる場合があります。Babelの例ですが、バグ・脆弱性の報告なのか機能要望なのかを選択できるようになっていますし、それ以外の議論を行う場合のリンクを記載もしています。行動に応じてどうすると良いかだけではなく、issueを作成するうえでのテンプレートも用意されています。バグ報告においては特にそうですが、再現できるリポジトリを用意するなどメンテナーに時間を取らせないということが重要です。

Babel issue選択画面

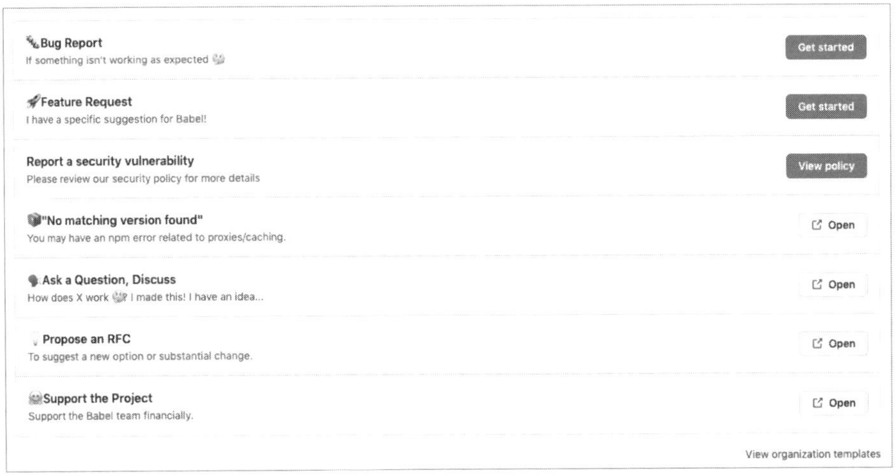

Bug Report
If something isn't working as expected
Get started

Feature Request
I have a specific suggestion for Babel!
Get started

Report a security vulnerability
Please review our security policy for more details
View policy

"No matching version found"
You may have an npm error related to proxies/caching.
Open

Ask a Question, Discuss
How does X work? I made this! I have an idea...
Open

Propose an RFC
To suggest a new option or substantial change.
Open

Support the Project
Support the Babel team financially.
Open

View organization templates

できることからOSSへコミットする

OSSのリポジトリであなたができることを探すというのも貢献のひとつです。GitHubを利用したOSSでは各issueに対してラベルを貼ることが多く、good first issueといったラベルの付いたものはOSS全体に対する深い知識がなくても比較的取りかかりやすいものです。

たとえばBabelのケースでプログラムにコミットしやすいgood first issueとしてはPart 1の3章でも紹介したTC39のミーティングで仕様提案がステージ4へと上がったときが比較的取りかかりやすいでしょう。前述のとおりbabel/preset-envに正式にプリインさせるプラグインはステージ4を通ったものだけになります。TC39のミーティングでステージ4に上がるとすぐにBabelではbabel/preset-envへの取り込み作業が募集されます。このタイミングで挙手すると作業へのアサインを得られることもあります。

❷1. TC39のミーティングアジェンダ

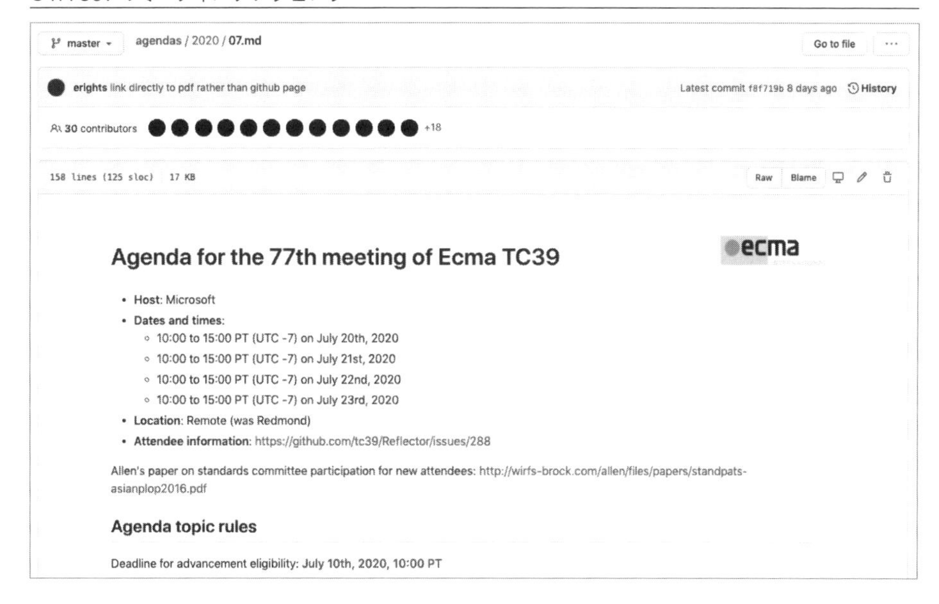

❷2. ミーティングでの決定事項でのステージ4へのアップデート報告

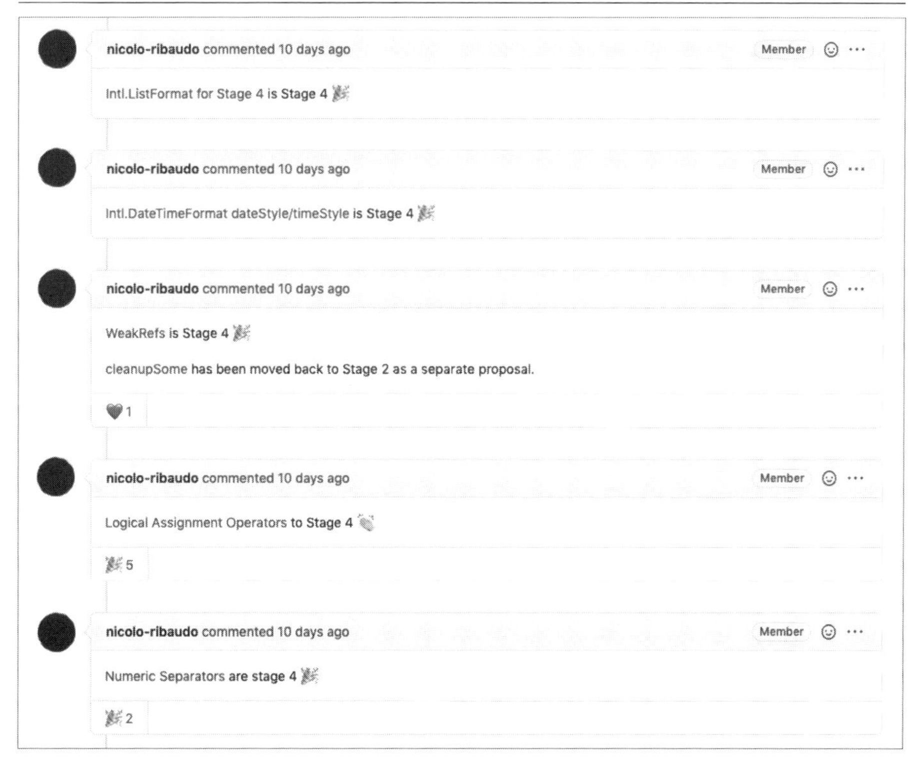

❸3.Babelリポジトリでの作業者募集issue

また実際動作するプログラムをコミットするケースだけではありません。実際にアプリケーションを動作させるためのフレームワークのようなOSSでは、リポジトリに参考となるようなコードやユースケースに従い多くのサンプルコードを持っている場合もあります。

Next.jsと呼ばれるReactを利用しSSR/CSRを実現するためのJavaScriptフレームワークが存在しますが、ほかのライブラリや技術スタックの組み合わせなど豊富なサンプルコードを抱えるリポジトリでもあります。Next.jsのようにアップデートのスピードが速い場合、コアモジュールのアップデートがリリースされた後にはサンプルのアップデートが置いてけぼりとなっている場合もあるため、例によってgood first issueでサンプルコードの対応が必要なものを探してみるというのもひとつの手段です。※1

※1 Issues（good first issue ラベル）• vercel/next.js - https://github.com/vercel/next.js/issues?q=is%3Aopen+is%3Aissue+label%3A%22good+first+issue%22

寄付する、翻訳するといった違ったアプローチ

ここまで説明してきたものはOSSへの積極的な行動が必要になります。関わりたいと思ってもそこまで積極的なアクションは難しいという場合もあるでしょう。特にOSSの開発コミュニティは英語でやりとりされることがほとんどです。英語というだけでグッとハードルが高くなるということもありえます。

ソースコードを公開しているOSSや小さなライブラリの開発者にGitHub上から金銭の寄付が可能になっています。彼らのモチベーションの維持があってこそ普段開発に使うライブラリやフレームワークがアップデートされ続けていると言ってもよいはずです。特に組織に所属することなくOSSをメインにして活動を続ける開発者であればなおのこと援助が必要であると筆者は考えます。GitHubだけではなく寄付をするためのプラットフォームはほかにも存在します。open collective※1、Patreon※2などいくつかサービスはあるのでもし貢献したいOSS・開発者がいれば探してみるとよいでしょう。

またOSSの日本人のユーザーグループも存在します。有志の開発者が集まりコミュニティをもっているフレームワークもあり、そこでは英語による公式ドキュメントを日本語訳にするというプロジェクトが進んでいるケースもあります。本書のフレームワークで紹介した、Vue.js、Angular、Reactは日本人のコミュニティを中心にして翻訳者を募集しています。

- Vue.js:https://github.com/vuejs/jp.vuejs.org
- Angular:https://github.com/angular/angular-ja
- React:https://github.com/reactjs/ja.reactjs.org

またPart 1でも触れたMDNと呼ばれるWeb開発者のためのドキュメントもまた翻訳の手が求められます。新しいWeb APIについてのドキュメントが作成され続ける以上、対訳を必要とするユーザーは少なくとも存在するのです。有志の集まったMDN翻訳コミュニティがあるので興味があればのぞいてみるとよいでしょう。

※1 Open Collective - Make your community sustainable. Collect and spend money transparently. - https://opencollective.com/

※2 Best way for artists and creators to get sustainable income and connect with fans | Patreon - https://www.patreon.com/

Webというプラットフォームに貢献する

ソースコードを持ったOSSに貢献するという手段をここまで見てきましたが、Webというプラットフォームに貢献するということを考えていきましょう。ですが、「Webというプラットフォーム」とは何でしょう。人によってそれを定義するには偏りが生まれそうですが、本書ではここまで実践してきたような**Webサイト、Webアプリケーションを開発するためのHTML、CSS、JavaScriptの標準化されたテクノロジー群**と定義しましょう。これらに貢献するとは何なのか、次章につなげる形で解説していきます。

Webというプラットフォーム（=標準化されたテクノロジー群）は特定の優秀な開発者たちだけが作り上げるものではけっしてありません。OSSと同じように新しい仕様を追加し草案を作成しコードをコミットすることだけが貢献ではないのです。MDNが2019年Web開発者を対象にとったWebプラットフォームにおけるニーズ調査において「フラストレーションがたまることは何か」という問いに対して下記のような答えが多くの票を集めていました。※1

- IE11などの特定のブラウザサポート
- フレームワークやライブラリのドキュメントが古くなっている
- クロスブラウザ対応が不要になった箇所の削除
- クロスブラウザのテスト

これらの結果からも分かるようにWebに対して多くの開発者が求めていることはやみくもに新しい仕様を追加したり変更したりすることではなく、**維持し続けること**ではないでしょうか。現時点において、そもそも古くなってしまう・古いもののために用意したものが残っている・挙動がブラウザによって違うなどが課題となってこのような回答結果が得られたと筆者は推察するのです。

Part 1冒頭でも触れていますが、Webは過去の遺産が澱となって残ったテクノロジーが今でも存在します。リクエストヘッダに付帯しブラウザからも取得可能なUserAgentの文字列はすでに何を意味するものかがわからないまま現状を迎えていますし、ベンダープリフィックスをつけて先行実装されたCSSプロパティがレイアウトや表示崩れを

※1 MDN Web DNA Report 2019 - https://mdn-web-dna.s3-us-west-2.amazonaws.com/MDN-Web-DNA-Report-2019.pdf

起こさないようずっとソースコードから剥がせないまま残り続けています。

こういった過去の遺産をプラットフォームに残さぬよう後方互換性をもったまま維持し続けるために、開発者それぞれの小さな貢献が将来のWeb継続の実現につながると筆者は考えます。特定のブラウザでのみ実行されない、挙動が違うといった場合ソースコードにブラウザ判定の分岐を行い問題のないよう実装することが正しいとしても、実際にはブラウザの特定のWeb APIの実装が誤っているケースがないとも限りません。その場合ブラウザエンジンのバグトラッカーで検索してみたり必要であれば起票し報告することも貢献に値するのです。※1

これはOSSへの貢献によらず、あなたの所属する開発プロジェクトについても同じことが言えるでしょう。互換性維持のためのコードをすでに互換性を持たない箇所を削除すること、あなたが得ているWebプラットフォームに関する知見をチームに展開すること、プロダクトコードを健全にたもち周知していくこと、それさえも小さな貢献であるはずです。

Section 9-3 Webプラットフォームに関わるフロントエンド開発者として

Front-End

前章の中でWebというプラットフォームを維持し続けることに合わせて、あなたが所属することになる開発チームのプロダクトコードを健全に保つ・互換性がなくなった状態にしないよう維持し続けることもまた貢献のひとつであるとお伝えしました。

Webというプラットフォームは生きものです。ユースケースや発展とともにアップデートされ続ける中で維持するための取り組みはどうすればよいのでしょうか。ここまで本書では仕様や策定のプロセスはいくつかあることを簡単に解説してきました。興味がある人は深堀りし仕様の詳細まで追いかけることはあるものの、みながみな詳細まで追いかける必要はないでしょう。しかし必要とされたタイミングで仕様や知識にたどり着く

※1 How to file a good browser bug - https://web.dev/how-to-file-a-good-bug/

のは方法を知りえない限り難しいと筆者は感じます。

最近のWeb開発では特定のフレームワーク・ライブラリの使い方や新しいECMAの仕様提案、任意のブラウザに先行起用されたAPIの利用方法などの技術的なトレンドにどうしても目がいきがちです。SNSやメディア、発言力のある開発者や一企業のプロモーションによって伝搬することはあれど、実際に現実的なユースケースを満たすのか、プロダクトコードに持ち込んで良いものか判断するには仕様や情報を正確にとらえる必要がありそうです。

本章では仕様策定がどこで行われているのか、団体や策定について簡単に把握していきます。その中でフロントエンド技術を楽しみながら開発環境を維持し続けるマインドセットが持てるようライトに情報をキャッチアップするにはどうするか、そして変化していくWebに付き合いながら現状を把握し何を選択してプロダクトや開発に関わればよいかを考えていきます。

仕様を知るには

団体	解説
W3C※1	仕様検討のワーキンググループをいくつか持ち標準化を進める団体
WHATWG※2	HTML Living Standard ほか W3C から切り出された仕様を管理する標準化のための団体
WICG※3	W3C に持ち込む前に議論し草案を管理・公開するコミュニティ
Ecma International※4	JavaScript 標準である ECMAScript を規格化する団体
IETF※5	インターネット技術の標準化・推進・議論だけでなくワーキンググループを持つ団体

表に挙げた団体が仕様に関わる代表的なものですが順に見ていきましょう。

※1 World Wide Web Consortium (W3C) - https://www.w3.org/

※2 Web Hypertext Application Technology Working Group (WHATWG) - https://whatwg.org/

※3 Web Incubator Community Group (WICG) - https://wicg.io/

※4 Welcome to Ecma International - https://www.ecma-international.org/

※5 IETF | Internet Engineering Task Force - https://www.ietf.org/

W3C（World Wide Web Consortium）についてはWebを発明したティム・バーナーズ・リーが設立したWebの仕様や標準化を目的とした団体です。扱う仕様はさまざまで作業中の草案を含め現時点で1000以上の仕様を扱っています。[※1]中には目的別のワーキンググループをいくつか持っています。CSSワーキンググループ、Web Paymentワーキンググループ、Web Authenticationワーキンググループなどが挙げられます。

WHATWG（Web Hypertext Application Technology Working Group）は表にもあるとおり、HTML仕様の規格標準化を管理しています。もとはHTMLの規格をW3Cが管理していたものの、開発者の要望軽視などの観点からブラウザベンダーの開発者有志が集まった団体でした。いまではHTML・DOMに関する標準化はW3Cでは行っておらずWHATWGが策定するリビングスタンダードが標準規格となっているのはPart 1でも触れたとおりです。またNotifications API、Storage、FetchなどWebプラットフォームから切り出された特定の規格の標準化も行っています。

WICG（Web Incubator Community Group）はWebプラットフォームにおける新しい機能のライトな議論の場を提供しており、W3Cに持ち込む前段階における仕様検討を団体が持つリポジトリで作成し公開などもしています。ただW3CやWHATWGのように標準化を進める団体ではありません。編集者の公開するものが標準化プロセスにおける草案ではない点は注意が必要です。たとえばWeb USBという新しい仕様についてのコミュニティ草案がありますが[※2]、これはChromium系統のブラウザ（Chrome、Edge、Operaなど）にしか実装されていません。現時点ではSafariやFirefoxの意見は好ましいAPIであるとは認識していないようです。どちらもトラッキングのフィンガープリントとして利用される懸念を表明しており議論中である旨明文化しています。標準化の途中でブラウザが試験的に実装しトライアルでユーザーや開発者からの評価やフィードバックを得るということはこの件に限らず策定プロセスの中には往々にして存在します。その仕様が試験的に実装されたものかどうかはきちんと見定める必要がありそうです。

※1 All Standards and Drafts - W3C - https://www.w3.org/TR/

※2 WebUSB API - https://wicg.github.io/webusb/

●Firefox, Mozillaの見解

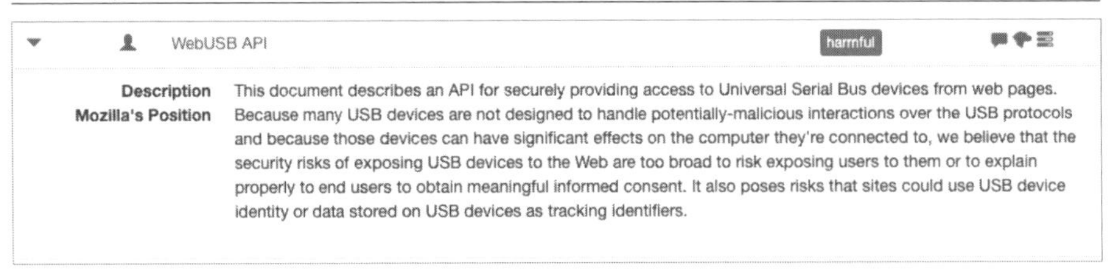

●Safari, WebKitの見解

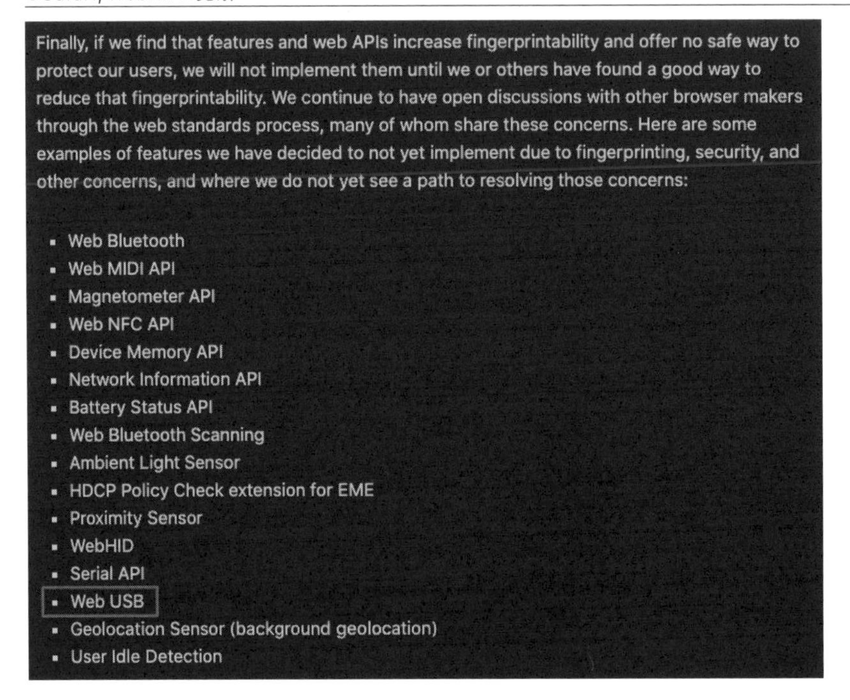

Ecma InternationalはECMAScriptを規格化する団体です。ステージ制による仕様採択の策定プロセスをもち、コミュニティや識者によるミーティングを経て年次で仕様がアップデートされていくということはここまでの中でも触れてきた内容です。

IETF（Internet Engineering Task Force）はインターネット技術に関するさまざまなワーキンググループを持ちながら議論を進める団体です。たとえばCookieを代表するHTTPにおけるSet-CookieヘッダやCookieの属性などが定義された文書はRFC 6265番の文書です。RFC（request for comments）という名前で文書化され承認されると番号が振り番されていきます。RFCといった文書はIETFを発祥としていますが、意見を多く募ったり議論するための文書を指してこの単語が使用されるケースも多く、

ほかの開発コミュニティでもよく利用されています。また規格は実験的な実装と運用が行われます。実運用し仕様の正当性を評価するのです。実装されて初めて評価され承認されるプロセスはISOなどの規格とは異なるところです。ECMAScriptを始めブラウザでの試用実装から改善を繰り返し我々開発者が使えるものになっていることは念頭に置いておきましょう。

ここまでの説明でどの団体が何を策定しているかという点は一概に説明が難しいものです。HTMLの標準化はWHATWGが行う一方でアクセシビリティに関するWAI-ARIAの標準仕様はW3Cで定義されています。ECMAScriptを標準規格として実装したものがブラウザで動作するJavaScriptではあるものの、ブラウザに実装されるDOM APIやFetch APIについてはWHATWGが標準化を進め、さらにはWICGといったコミュニティでは標準化前の新しい機能について議論や草案の作成が行われています。

たとえばUserAgent Freezingと呼ばれる名前でUserAgent文字列を凍結し新しい仕様を作ろうという動きがあります。※1 これまでUserAgentはOS名・ブラウザ名やそれぞれのバージョン、ベンダー名や端末モデル名などさまざまなものを含んでいた文字列でした。しかしながらトラッキングのための識別子として利用され続けておりユーザーのプライバシーを守るという観点で懸念が出てきたため、ブラウザからUserAgentの情報を取得するための新しいAPIや仕様策定が進められています。

これらの仕様は複合的に見る必要があるのです。WICGにおけるコミュニティ草案ではブラウザにおけるJavaScriptから、UserAgentの情報取得に関するWeb IDLが記載されています。※2 一方でWICGの別の草案ではサーバ・クライアント間におけるネゴシエーション・オプトインが文書化されています。※3 そしてHTTPヘッダに関わる仕様でもありますのでIETFにも草案が公開され、さらにまた別の構造化ヘッダと呼ばれる草案にリンクされています。※4

※1 Intent to Deprecate and Freeze: The User-Agent string - https://groups.google.com/a/chromium.org/g/blink-dev/c/-2JIRNMWJ7s/m/yHe4tQNLCgAJ

※2 User-Agent Client Hints - https://wicg.github.io/ua-client-hints/#dictdef-navigatoruabrandversion

※3 Client Hints Infrastructure - https://wicg.github.io/client-hints-infrastructure/

※4 draft-ietf-httpbis-client-hints-15 - HTTP Client Hints - https://tools.ietf.org/html/draft-ietf-httpbis-client-hints-15
draft-ietf-httpbis-header-structure-19 - Structured Field Values for HTTP - https://tools.ietf.org/html/draft-ietf-httpbis-header-structure-19

Webプラットフォームへの新しい仕様追加については標準化の団体がいくつかあり、どの仕様をどの団体がということを整理するだけでも相当に骨が折れます。もちろんどの団体がどの仕様をまとめているか知るということは重要ですが、日々の開発で重要なことはこれらの情報をすべて追いかけることではありません。おそらくWebプラットフォームに関する仕様を草案を含めてすべて網羅している人間はいないはずです。

重要な点はどの仕様についても標準化前に実験的にブラウザへ導入され改善が繰り返されることの多い点です。ECMAScriptはステージ3で試験的にブラウザへ実装されフィードバックを受けることが期待されています。[※1] そのため試験的に実装されても策定によってはその後実装が削除される可能性はあるのです。HTMLに関しても同じようなことは言えます。画像の遅延読込をブラウザネイティブで対応可能な`loading`属性ですが、Chromeが先行して実装していたころには`lazyload="on"`といった指定であったものの、仕様Fix後の属性値は`loading="lazy"`、`loading="eager"`という指定になっています。[※2]

くどいようですが、仕様草案評価のための試験的な実装にばかり追従してもしかたがありません。開発者として実際のユースケースを想定したデモに取り組んでコミュニティや議論にフィードバックを送る目的があれば別ですが、気軽にプロダクトコードに入れることはないように注意しましょう。

ライトにキャッチアップする

前述の通り仕様や団体について知ることは重要ですがすべてを網羅することはほとんど不可能です。知りたいときに知りたい情報を得るためには、仕様に関するアップデートを知るためには、または技術的なトレンドのキャッチアップのためには何をしておけばよいのでしょうか。何から知る必要があるか分からないという場合、**まずは知るきっかけを作っておく、いったんは情報を目に入れておく**ということが良さそうです。どんな分野でも最初は素人ですしいつまでも素人であるという謙虚さを持ち続けることは学習し前進するために必要なマインドでしょう。さまざまなニュースソースからの情報を目に入れておくだけで重要度などが時間とともに分かるようになってくると筆者は考

※1 The TC39 Process - https://tc39.es/process-document/

※2 HTML Standard 2.6.7 Lazy loading attributes - https://html.spec.whatwg.org/multipage/urls-and-fetching.html#lazy-loading-attributes

えます。

たとえばTwitterで団体のアカウントをフォローしたりリストにいれておくということも有効でしょう。

- W3C:https://twitter.com/w3c
- W3C CSS WG:https://twitter.com/csswg
- WHATWG:https://twitter.com/WHATWG
- IETF:https://twitter.com/ietf

ただあくまでこれらは団体公式のオリジナルソースです。第三者的な視点がなければ何が重要な話題となっているのか、フォーカスすべき内容は何なのか、判断するのは難しいでしょう。キュレーションを行い配信しているニュースレターを購読しキャッチアップするのもひとつの手段です。ひとつだけではなくできれば複数の、多くのニュースレターを購読することをお勧めします。キュレーターの取り上げるトピックの中に同じような話題を見つけることで、それがいま関心を寄せるべき内容という可能性もあるからです。

- ECMAScript Daily https://ecmascript-daily.github.io/
- Web Platform News https://webplatform.news/issues
- Frontend Focus https://frontendfoc.us/
- JavaScript Weekly https://javascriptweekly.com/
- CSS Weekly—Weekly e-mail roundup of latest CSS articles, tutorials, tools and experiments https://css-weekly.com/
- Frontend Weekly Tokyo https://frontendweekly.tokyo/

ここまで仕様や団体と情報のキャッチアップについて触れてきました。日ごろからそんなに情報を得る必要があるのだろうかと感じる読者も中にはいるでしょう。それがあなたに本当に必要であるかどうかは筆者には判断できませんが、Webをプラットフォームにしたアプリケーションを開発するにあたり**「必要かどうかはさておきとりあえず目に入れておく」程度の軽めのスタンスで良い**のではないでしょうか。熟知することよりもまずは目に入れておくことから始めてみましょう。必要なときは実際の現場で急に求められるはずです。必要になったとき情報を得る手段・実現できる術を知っているだけでもかまわないのです。

フロントエンド技術を楽しむために

本書ではPart 1でフロントエンド開発を取り囲む具体的なツールやライブラリ・フレームワークを取り上げつつ、重要な点は道具を知ることではなく、なぜそれを使うのかが重要な観点であることをお伝えしました。そして**動くプロダクト（=アプリケーション）を早いサイクルで変化に対応しながらユーザーへ届けるために、必要な解決策を持ち実現できることがより重要であることも解説してきました。**

Part 2ではそれらを踏まえながらサンプルコードと合わせてより開発の現場に近い実践的な内容を解説しています。実際にフロントエンド開発者として開発の現場でコードを書くことを具体的に想像できたのなら幸いです。

そしてPart 3では実践を深堀りするような内容を解説してきました。すべてをすぐに実現できるようになる必要はありません。それを知らなければならない、知らないと開発者として恥ずかしい、そんなものはどこにもありません。知っているだけでは価値がないのです。100を知っても実現したものが0ではどうでしょう。だとすれば、**1を知って丁寧に1を実現できることにまずは価値をおきましょう。さらに言えば実現できることよりもプロダクトに反映できる、アプリケーション開発へポートし役立てることにもっと価値をおく**べきだと筆者は考えます。知ること自体に価値をおくようでは本末転倒です。実現し役立てるということに価値をおくことが重要なのです。**何よりWebへの興味関心を持ち続けることは本当に重要な観点です。**

ここまで筆者をはじめとした執筆したメンバーは本書を書き上げるにあたり、ツールやライブラリ・フレームワークに左右されない現場の泥臭さを残すという点を重要視してきました。実際の開発の現場では本書に記載しきれないほどの課題や問題につまずくことも多いでしょう。本書のサンプルコードが古びたとしてもなぜそれを使うかという観点は古びないように書いてきたつもりですので、現場でぶつかった課題へのアプローチにお役立ていただければ幸いです。

昨今フロントエンドは移り変わりが早いと言われてきました。これからあなたがどのくらいフロントエンドという領域と向き合うかはわかりませんが、Webプラットフォームの仕様に影響を受けるブラウザが主戦場だからこそ変化のスピードも早いように感じることもあるでしょう。早いと感じるときは情報を見すぎているかもしれないと自分を疑ってください。新しい仕様を知ることや新しいライブラリを使うことはいずれも単体では何の価値も生んでいません。**Webプラットフォームのエンドユーザーは開発者ではなくあなたが担当するアプリケーションのユーザーなのです。** Webプラットフォームとエンドユーザー、開発者であるあなたの立ち位置は時間が経っても変わるものではありません。

ユーザーの課題を解決するために、ユーザーへの価値提供のためにWebプラットフォームを使って開発を進めていくのだ・課題を解決するのだ、ということに意識的であることや楽しむことがフロントエンド開発では大切なポイントなのです。

Index 索　引

Front-End

A

AAテスト …… 216
ABテスト …… 197, 198
Ajax …… 6
AltJS …… 31
Angular …… 42
AngularJS …… 8
Assert API …… 98
AST …… 75
Autoprefixer …… 78

B

Babel …… 10, 26
babel-loader …… 132
Backbone.js …… 8
BEM …… 7, 80
BFF …… 24
Browserify …… 9
Browserslist …… 30
BrowserStack …… 96

C

Chai …… 98
CI/CD …… 165
CircleCI …… 166
CMS …… 5
Code of Conduct …… 248
CoffeeScript …… 31
CommonJS …… 9, 27
Contributor Covenant …… 248
CSS …… 72
CSSプリプロセッサー …… 73
CSSメタ言語 …… 73
CSS-in-JS …… 69, 84
Cypress …… 96

D

Dart …… 32
Definitely Typed …… 136
describe …… 143
DI …… 43
Dispatcher …… 64
Docker …… 118
DSL …… 50

E

Ecma International …… 256
ECMAScript …… 4, 9
EditorConfig …… 87
Elm …… 32
Enzyme …… 154
ES Modules …… 27
ESLint …… 89, 171

F

Flutter …… 32
Flux …… 63

G

GitHub Actions …… 166
Googleアナリティクス …… 198
Googleオプティマイズ …… 208
Googleマーケティングプラットフォーム …… 198

H

Hook …… 154
HTML …… 2

I

IETF …… 256

J

jasmine 104
JavaScript 3, 16
Jenkins 166
Jest 95, 97, 101
jQuery 6
JSDoc 136
jsdom 103
JSX 49

K

Karma 95, 97, 104
KPT 244

L

Lighthouse 185
LP 241

M

MindBEMding 80
Mocha 95, 97, 98
Movable Type 5
MVC 58

N

Next.js 252
Node.js 9, 22, 119
npm 24

O

Observables 43
OCaml 32
OOCSS 7
open collective 253
OSS 246

P Q

Patreon 253
pluggable 6
PostCSS 75
postcss-extend-rule 76
postcss-nested 76
postcss-preset-env 77
Prettier 86, 171
prop-types 173

R

React 47
React Error Boundary 229
Reason 32
Redux 55, 65
Resource Hints 181
Rollup.js 26
RxJS 43

S

Sass 7
SASS 73
Sauce Labs 96
SCSS 73
Sentry 223
SFC 38
SPA 7, 42
Store 64
styled-components 84, 159
stylelint 94

T

Travis CI 166
TypeScript 31, 134
typescript-eslint 92

U

useContext 214
useEffect 152
UserAgent Freezing 259

UXエンジニア ……… 16

V

Vue.js ……… 37

W

W3C ……… 4, 256
Web IDL ……… 259
Webデベロッパー ……… 16
webpack ……… 26
WHATWG ……… 256
WICG ……… 256
WordPress ……… 5

X

XMLHttpRequest ……… 6

YZ

Yarn ……… 24, 119

あ行

アジャイル ……… 108
イベント駆動 ……… 22
ウォーターフォール ……… 108
受け入れテスト ……… 95
エコシステム ……… 9
エラーイベント ……… 220
エラーイベント監視 ……… 216
エラーイベント検知 ……… 223
エントリファイル ……… 44
オープンソースソフトウェア ……… 246
オブザーバパターン ……… 60

か行

カスタムディメンション ……… 205
仮説検証 ……… 197
仮想DOM ……… 51
仮想人格 ……… 197
型チェック ……… 32
クリティカルレンダリングパス ……… 180
継続的インテグレーション ……… 165
結合テスト ……… 95
構造化ヘッダ ……… 259
行動規範 ……… 248
構文解析 ……… 25
コードの分割 ……… 140
コミュニティ ……… 246
コンパイラ ……… 25, 35
コンポーネント ……… 50
コンポーネント指向 ……… 52

さ行

サードパーティスクリプト ……… 215
ジェネリクス ……… 34
自動化 ……… 9, 175
状態管理 ……… 55
シングルページアプリケーション ……… 7
スキューモーフィズム ……… 6
スクラム ……… 109, 236
スクラムマスター ……… 113
ステートレス ……… 7
スパイ ……… 103
スプリント ……… 236
スプリントプランニング ……… 238
スプリントレトロスペクティブ ……… 237
静的解析ツール ……… 85
静的型付言語 ……… 32

た行

タイムボックス ……… 241
タスクランナー ……… 9
多変量テスト ……… 208
抽象構文木 ……… 75
デイリースクラム ……… 242
データフロー ……… 64
データモデル ……… 60

データレイヤ……55
デコレータ……43
テストエンジニア・テスター……113
テストフレームワーク……98
デプロイ……165
ドメイン固有言語……50
トラッキングコード……202

は行

パッケージマネージャー……9, 24
パフォーマンス……176
バリデータ……93
フォーマッタ……86
フック……154
ブラウザ……4
プラガブル……6
プランニングポーカー……240
振り返り……237, 245
ブログ……5
プロダクトオーナー……111
フロントエンドエンジニア……2, 8, 16
ペルソナ……197

ま行

マッチャー……103
モジュールシステム……9
モジュールバンドラー……25
モック……103
モック機能……158

や行

ユーザーインターフェース……47
ユーザーモニタリング……216
ユニットテスト……95, 96

ら行

ランタイムエラー……220
ランディングページ……241
リンター……89, 93
レトロスペクティブ……245

わ行

ワークフロー……169

安達 稜

2012年にSIerでWebサービスやiOSアプリの開発を経験。2016年、コネヒト株式会社にWebアプリケーションエンジニアとして入社。女性向けメディア、アプリ「ママリ」のWeb開発を担当する。現在はリードエンジニアとして組織の技術面でのサポート、チーム開発における開発効率の改善などを推進している。

武田 諭

10年ほど役者業を行ったあと、Webエンジニアからキャリアをスタート。2017年に株式会社medibaへフロントエンドエンジニアとして入社。レガシーなフロント環境のモダン化、継続的な改善、システムリニューアルなどに関わる。その後チーム学習やモブプログラミングの推進、開発プロセス改善などを行い現在エンジニアリングにおいてはクライアントサイドとBFFを担当している。

フロントエンド開発入門
プロフェッショナルな開発ツールと設計・実装

発行日　2020年 10月 12日　　第1版第1刷

著　者　安達　稜／武田　諭

発行者　斉藤　和邦
発行所　株式会社　秀和システム
〒135-0016
東京都江東区東陽2-4-2　新宮ビル2F
Tel 03-6264-3105（販売）　Fax 03-6264-3094
印刷所　日経印刷株式会社　　Printed in Japan

ISBN978-4-7980-6177-1 C3055